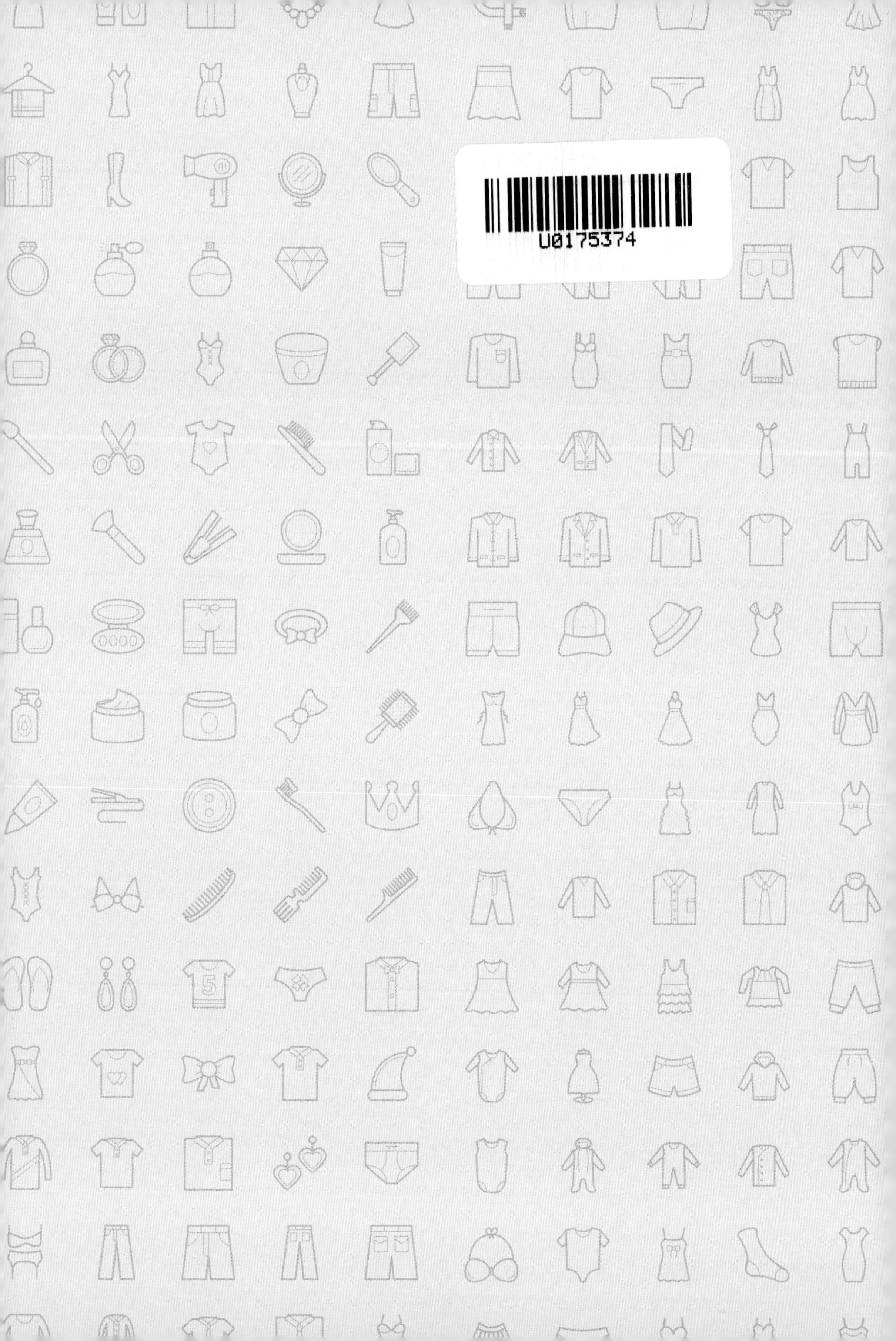

整理收纳全书

于之琳 著

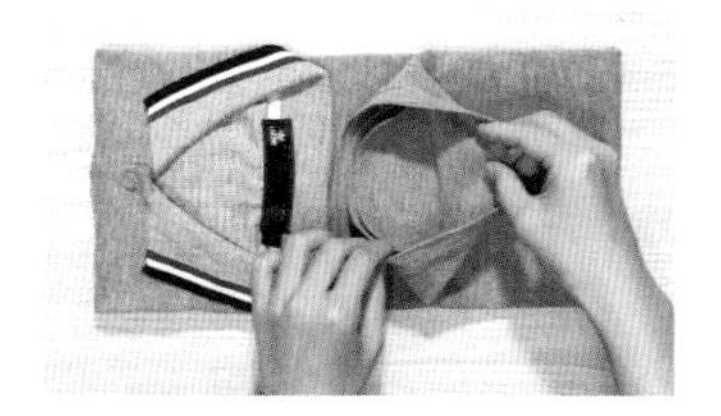

青岛出版社
QINGDAO PUBLISHING HOUSE

图书在版编目（CIP）数据

整理收纳全书 / 于之琳著. — 青岛：青岛出版社，2020.5

ISBN 978-7-5552-9063-6

Ⅰ. ①整… Ⅱ. ①于… Ⅲ. ①家庭生活 - 基本知识 Ⅳ. ①TS976.3

中国版本图书馆CIP数据核字(2020)第039684号

山东省版权局版权登记号：图字15-2019-304

书　　名　整理收纳全书
ZHENGLI SHOUNA QUANSHU

著　　者　于之琳
出版发行　青岛出版社
社　　址　青岛市海尔路182号（266061）
本社网址　http://www.qdpub.com
邮购电话　13335059110　0532-85814750（传真）　0532-68068026
策　　划　刘海波　周鸿媛　王　宁
责任编辑　刘百玉
特约编辑　孔晓南
封面设计　末末美书
排　　版　青岛乐道视觉创意设计有限公司
印　　刷　青岛乐喜力科技发展有限公司
出版日期　2020年5月第1版　2020年5月第1次印刷
开　　本　16开（710毫米 × 1010毫米）
印　　张　15
字　　数　250千
图　　数　535幅
书　　号　ISBN 978-7-5552-9063-6
定　　价　68.00元

编校印装质量、盗版监督服务电话　4006532017　0532-68068638
建议陈列类别：生活　整理收纳

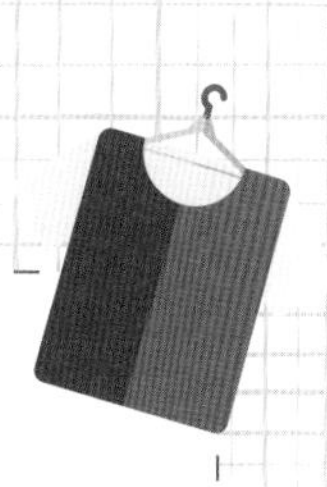

开始之前，
先听我讲个故事！

A

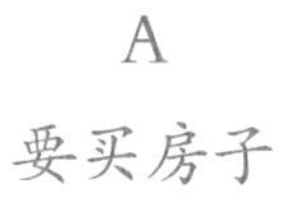

要买房子

B

也要买房子

A

家中有两个大人、一个小孩、一条狗，至少需要有两间卧室的房子。

B

打算买了房子以后再决定让谁来住。

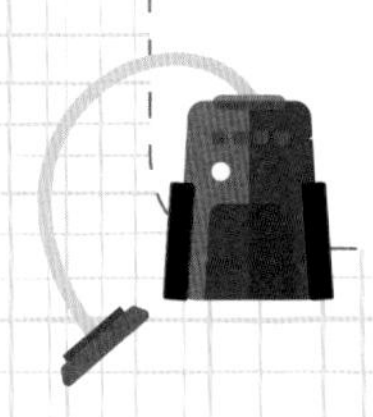

A

找到了合适的房子，
开始装修。

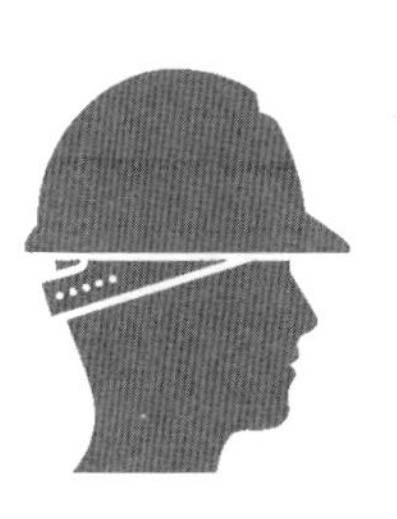

B

也找到了房子，
开始为家庭成员分配房间。

A

全家人开心入住，
两室一厅刚刚好！

B

房子只够两个人住，
其他家庭成员要另找房子。

你是不是觉得
B的做法非常奇怪？

再看看
C和D的故事。

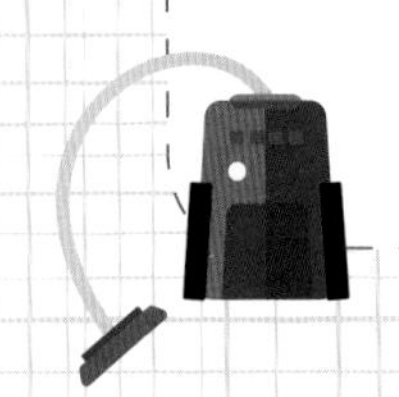

C

想整理家。

D

也想整理家。

C

先把物品分类整理好。

D

先买收纳工具。

C

先确定物品的数量和尺寸，
再买收纳工具。

D

买回收纳工具后，
再决定放什么进去。

C

轻松收纳，
每类物品都有专属位置。

D

买了许多不合适的收纳工具，
许多东西装不进去！

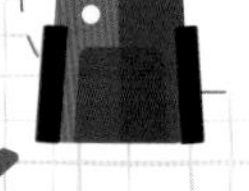

虽然房子与收纳工具的价值相差很多，但B和D的做法有什么不一样吗？

请你仔细想想：
为什么还没整理完，
就急着买收纳用品呢？

你知道要买几个吗？
多大尺寸合适？
需要放什么东西呢？

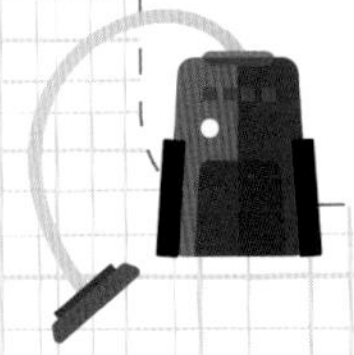

现在，
你知道该怎么做了吗？
还不快去整理！

开始整理前，请阅读下面的整理收纳守则

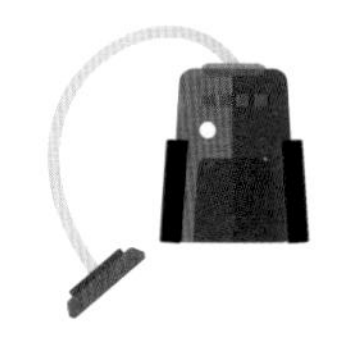

基本守则

1. 不需要的物品请勿带回家，将空间留给自己喜欢的物品。
2. 购物时分清什么是“需要的”，什么是“想要的”，这两者完全不同。
3. 整理不难，但千万不能偷懒！
4. 没有人住的房间只会变脏，不会变乱，它不是储藏室。
5. 断舍离时，只需要断绝非必需的、非自己所爱的物品。
6. 请勿擅自决定他人物品的去留。
7. 搬家前先淘汰再打包，只将必需品和心爱之物带到新家。
8. 大扫除前先整理，整理前不买收纳用品。
9. 帮每样物品找一个“家”，这是让空间不轻易变乱的有效方法。
10. 整理是取舍，收纳是有效分类与美化，收拾是将物品快速归位。
11. 整理时不要想着该丢掉什么，而应想着需要留下什么。
12. 从最好下手的空间开始整理。
13. 整理的精髓在取舍，只取你真正喜欢的物品和真正需要的物品。
14. 收纳是为了更快速地拿到整理好的物品。
15. 收纳工具以美观、实用、好清洁的塑料制品为佳，建议选择白色、同品牌的收纳工具。
16. 整理后，先量好物品和存放空间的尺寸，再选购收纳工具。

重点区域收纳守则

1. 不要一味地追求流行。
2. 将不怕皱的衣服叠起来，怕皱的衣服挂起来。
3. 口袋式叠衣法可避免衣服在搬运过程中散开，变得杂乱。
4. 衣架的款式要与收纳工具的款式一致，衣服放置要讲究颜色的排列，且不要太拥挤。
5. 不需要的衣服可以通过送给亲友、DIY改造、闲置网站出售、捐赠等方式快速处理。
6. 梳妆台上只留下日常使用的保养品各一瓶即可，用完了再补充。
7. 冰箱里的食物可用标签标出保质期，用方形收纳工具收纳食物最理想。
8. 控制清洁用品的数量，快用完时再添购。
9. 将电线绕圈收纳，这样不仅整齐还可以延长其使用寿命。
10. 定期补充与淘汰药品，将药品分成内服、外用等类别。
11. 将使用频率高的物品放在桌面上，使用频率不高的物品放在抽屉里。
12. 将图书按照内容分类，如科普类、小说类、经管类等，然后将同类型的齐高排列。
13. 尽量选择层板可以调节的书柜。
14. 在孩子衣柜的抽屉外面做一些他们看得懂的记号，这样可以培养孩子的收纳能力。

纪念品收纳守则

1. 将信件拍照存档即可。
2. 同内容的照片只留最完美的那一张。
3. 父母要尊重孩子，让他们学习对自己物品的去留负责任。

行李打包守则

1. 精简手提包内的物品，并进行有效分装。
2. 将所有需要携带的物品放在眼前并分类，然后仔细思考是不是还有继续精简的可能。
3. 大罐变小罐。

推荐序Ⅰ　让我们用收纳改变世界吧

收纳看起来不是大事，却能改变心态与习惯，还能改变环境！同为整理师的我，在得知于之琳要出书时非常开心，立即答应为她写推荐序！

我入行4年，服务过许多客户，总结出很多心得，有很多观点与之琳不谋而合，例如：东西收纳好就不会重复购买，知道还有多少空间才不会买太多，收纳有助于省钱和环保。

收纳可以让人从“厌家”到“恋家”，促进家庭成员之间的交流，让人身心健康。环境乱不仅会使人心情变差，还可能引发许多疾病。

整理师 Mr. 許

推荐序Ⅱ　进入收纳的美好世界

我与于之琳在网上相识。我看到她为别人整理收纳的案例，内心深深地佩服她的收纳巧思与耐心。

搬家之后，我的衣柜快要“爆炸”了，于是我鼓起勇气联络之琳。经过8小时的“奋战”，之琳把我的家变了样，让我发现原来衣柜“潜力无限”！

收纳是一件“师傅领进门，修行在个人”的事。整理不是做苦力，而是一种“修行”，看似平凡无奇的叠衣服，也是一种好习惯的养成方式。

相信这本书将为你的生活带来巨大的改变，甜美又温柔的之琳将用她超乎常人的耐性带大家进入收纳的美好世界。

艺人 王思佳 Sophia

推荐序Ⅲ　收纳让家里的空间变大了

我认识于之琳已经有一段时间了，她是一位细心、有责任心的女孩。在得知她转行做整理师后，我立刻请她到家里帮忙整理。

之琳先将所有要整理的衣服集中于床上，接着问我哪些是不再穿或尺寸不合适的，她告诉我“有舍才有得”。之后，她把筛选过的衣服按照颜色、款式、功能分类，再放回衣柜。整理后的衣柜简直比商场的服饰专柜还要漂亮整洁。

现在，每当我打开衣柜，我都会既惊讶又欣喜，因为原来乱糟糟的衣柜不仅一目了然，还多出许多空间，这也打消了我要加购衣橱的念头。

现在我依然用之琳的“口袋叠衣法”整理衣服，并且尽量避免把不需要的东西带回家。感谢之琳教会我“少即是多”的概念，有时一个转念就能让家变得更美好！

主持人 

推荐序Ⅳ　不是每个人都天生会整理

人总有束手无策的时候，不是每个人都天生会整理。以前，打开我的衣柜，杂乱的衣服就会如瀑布般倾泻出来。

有一天，我突然想整理自己的房间，可当我戴上口罩、帽子，围好工作围裙后，却对着房间发呆了50分钟，期间只捡起两个散落在地上的瓶罐放回桌上，完全不知道从哪里下手。那时我很想放把火将房间烧掉！

我们常常以为许多事情是理所当然的，是我们“应该会”的，许多人在“不会”的时候，会觉得是自己的错。其实像烹饪、化妆、旅游行程安排等技能并非人人擅长，有些人就是一窍不通。可若是他们跟对老师，掌握正确的技巧，依然有机会成为某些方面的达人。

谢谢于之琳让我知道杂乱不是错，只是没有机会学习收纳。我现在一直按照之琳教我的方法来操作，渐渐获得了许多整理与收纳的心得。让我们一起努力吧！

明星经纪人 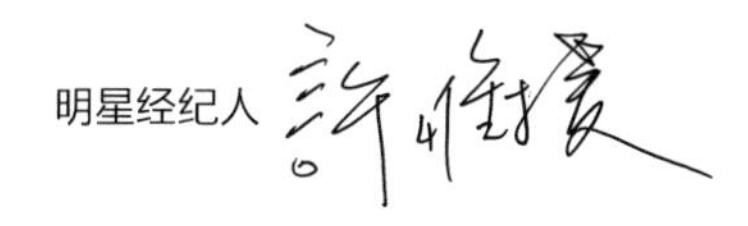

推荐序Ⅴ 整理房间，同时整理人生

于之琳是我的学妹，在学校时，她的校服总是比其他同学的平整。最近，我得知她成了一名整理收纳师，我觉得这份工作实在太有趣了。偶然的一次机会，我有幸邀请到学妹来参与我的网络直播，我们相谈甚欢。由于我对收纳也很感兴趣，因此我们互相学习了许多收纳技巧。

我从小就看妈妈及六个姐姐、一个哥哥整理家务，耳濡目染，因此我认为自己整理家务很有一套，但目前繁忙的工作使我经常忘记打扫房间。

如果你也和我一样忙到没时间整理，那我真心地推荐这本书，它不仅是一本实用的工具书，更是一本有许多疗愈内容的心灵之书。花一点儿时间翻翻它，或者直接拨打之琳的预约热线，请她帮忙整理吧！虽然价格不菲，但绝对值得！

艺人 萧志瑋 8弟

自序

在整理的过程中探究自己的心

“我是一名整理师。”我如此介绍自己时，大部分人会问我：“你是帮人家打扫家的吗？”我并不意外，因为整理师在中国的确是新兴职业，许多人不清楚整理师的工作内容是什么，甚至大多数人会对这也能成为职业感到奇怪。

记得我对父母说我要创业做整理师时，他们问：“你真的觉得有人愿意付钱请你去他们家里扔东西吗？”当时我确实没有底气说有，不过没多久，我以接不完的预约单证明了自己的能力。是的！许多人愿意付钱请我去他们家里扔东西！

当然，整理不只是扔东西这么简单，整理师的工作范围非常广。邀请我的大部分家庭都面临搬入新家一段时间后，房间变得凌乱不堪的问题。这时，小至每样物品，大至大型家具的位置，我都会进行调整，但都是在不改变大格局的前提下操作，因此也有人称我为“空间规划师”或是“室内设计师”。

在客户家的短短几个小时里，整理师可能还需要扮演心灵导师这个角色，客户有购物成瘾、囤积或难以丢弃物品的习惯都是有原因的，整理师要在倾听客户想法的基础上寻找房子变乱的原因，并帮助客户解决这些问题。

除了整理师，我还是一名保姆。虽然我没有孩子，但因为这几年积累的保姆经验，我在处理有孩子的家庭的收纳问题时还是比较得心应手的。我也发现了一个非常普遍的现象，就是父母总是扯着嗓子喊，让孩子将房间收拾干净，但是他们从来不知道如何教孩子收拾。

整理是一门技术，是可以学习的，但不是每个人天生就会的。可从小到大，没有任何一门教大家如何整理的课程，因此大家几乎都是在用自己摸索出来的方式整理。其实整理的技巧千变万化，一百个房间可以整理出一百种不同的样子，这也是整理有趣的地方。整理会因每个人的创意和风格的不同而呈现不同的效果。

虽然整理动的是手，对象是物品，但练的是心。整理的过程是不停地面对自己的过去与取舍的过程，唯有探究自己内心的最深处，才会了解自己到底需要什么。

成为整理师后，我帮助了无数个家庭，有的是让他们吃饭的空间变大，有的是让他们的书桌上有真正可以工作的地方，还有的是在整理了家的同时修复了家庭成

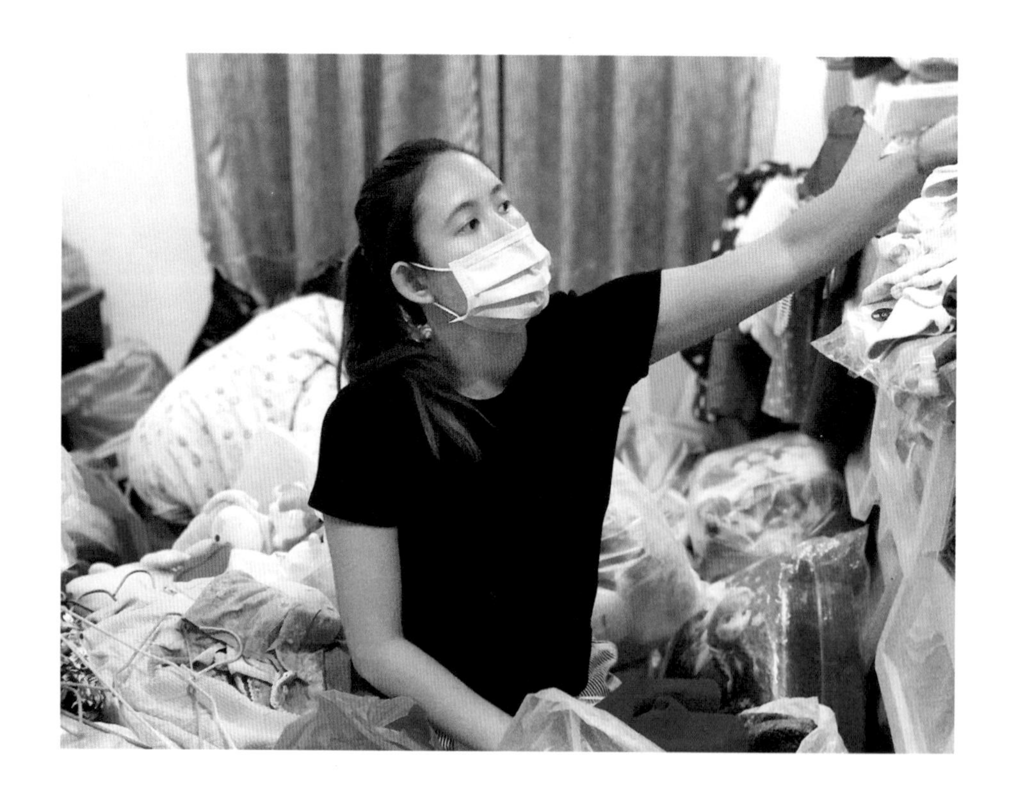

员之间的关系。我从小就非常了解家里乱七八糟带来的心理负担，但是我从来没想到“整理”这个技能竟然可以帮助人们生活得更好。当我踏入这个行业、为越来越多的家庭整理之后，我发现我整理的不只是客户的家，还有他们的心，这是我以前想都没想过的事！

在做整理师的过程中，我发现客户的家中大都有几本与收纳有关的书。他们也都有整理、收纳的基础观念，但依然不知道如何开始整理。收纳盒买了又买，使用起来效果一般；家里整理了无数次，可过不了多久又乱了……因此我立志写一本所有人都看得懂的整理收纳书，并且是让人看完书后可以非常清楚第一步应该如何做的工具书。我希望借这本书告诉大家，只要用对方法，整理好的家就不会再变乱了。

专业整理收纳师

目　录
CONTENTS

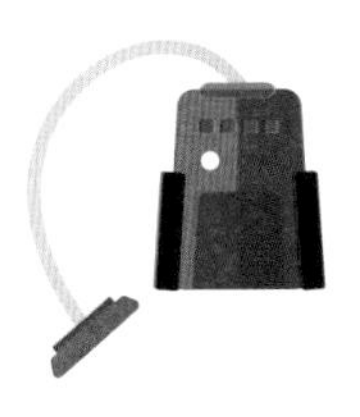

第一章　为什么要整理

第二章　整理前你要知道的事

第三章　什么样的物品可以被带回家

第四章　整理，从自己开始

第五章　各类物品一一击破

第六章　理智选购收纳工具

第七章　儿童物品整理技巧

第八章　用改变影响他人

第一章 1

为什么要整理

本章我会教大家思考自己的家是否需要整理。根据这几年的上门整理经验，我总结出有十种人的家最容易乱，也分别帮这十种人找到了合适的解决方法。

整理是一门可以学习的技能，千万别气馁，只要掌握正确的方法，就有机会成为整理高手！

没人住的房间只会变脏，不会变乱

你是因为房间乱而无法静下心来整理，还是因为心烦意乱而无法好好整理凌乱的房间呢？要知道，一个没有人住的房间只会变脏而不会变乱，房间变乱都是由住在里面的人造成的。居住在凌乱空间中的人，无论在外面多么风光，有多么令人羡慕的工作，回家之后依然无法彻底放松，只能无力地看着眼前的衣服山或玩具堆，还有那些塞满杂物、连开都不想开的抽屉。唯一能够改变这种状况的方法就是整理。

凌乱的空间会让人无法静下心来

堆满杂物的房间会失去原有的功能

我不是天生会整理

你的身边应该有这种人：如果房间太乱，他们就无法静下心来做任何事，非得动手整理才行。可往往等他们整理好了，就没体力做想做的事情了，而且这种整齐的状态通常维持不了多久。

我小时候就是这样，一直将自己的房间收拾得非常干净、整洁，我会将课本按照课表的顺序排放，将铅笔盒中的每支笔都盖好笔帽，将笔尖朝向同一个方向摆好。

我在书桌上放满了喜欢的玩偶，可我总觉得哪里不够好，所以常常将玩偶的位置换来换去。同样，我将叠衣服的方法换了又换，却总是觉得哪里不对劲。

这种“不对劲”一直持续到大学。有一天，我突然明白了，原来从小到大，我一直都用错了方式。整理并不复杂，也不需要花费这么多精力。我一直整理不好，是因为我的物品都是父母给的，所以我的字典里没有“丢弃”这两个字，心中总会出现这样的声音：“怎么能扔掉父母送给我的东西呢？不可以啊！”我一直觉得丢弃物品就是丢弃父母给我的爱，因此我把所有物品都保存得很完整。每当看不顺眼时，我就会来一个大动作，重新调整所有物品的位置。我想，这也是多数人的整理方式：只是将物品换了一个位置而已！

直到有一天，我突然想明白了！丢弃物品并不代表丢掉父母的爱，丢弃已经不需要的物品也不代表不孝顺。我之所以将这么多时间花在调整物品的位置上，是因为东西太多了，当然怎么摆都觉得不够好了。而将不需要的东西扔了之后，不只是抽屉空了，心中长年累积的“不对劲”也在一夜之间消失了。我第一次感受到断舍离的威力。

Before

×

A 未及时淘汰物品，则无法控制物品数量，导致物品太多或闲置太久

B 太多不同尺寸的收纳盒，不仅不容易摆放整齐，还使空间显得更凌乱

After

√

C 将物品分类，就能立即拿到想要的东西

D 用方形收纳盒搭配“冂”形收纳架，向上堆叠，可以省出更多空间

东西只要够用就好

什么是断舍离

近几年，“断舍离”一词频繁出现在大家的生活中。断舍离是由山下英子提出的概念，意思是断掉不必要的物品，舍弃多余的物品，脱离对物品的执念。因此，断舍离绝对不是扔东西这么简单!

✻ 断绝不必要、非自己所爱的物品

断舍离并非要求每个人都过极简生活，不添置新家具，也不买新衣服。相反，你可以拥有一台最好的电脑、一组高级的瓷盘，你可以住在交通便利的闹市区，穿着新衣服和亲友吃大餐。

断舍离要求大家了解自己到底需要什么物品，你只需要断绝不必要的、非自己所爱的物品，让自己真正喜欢的物品充满自己的生活就可以了。

简单来说，断舍离就是择你所爱，爱你所用，用你所择。

✻ 物尽其用

断舍离不禁止购物，也不要求你用非常便宜的物品，而是要求你不买舍不得用的物品，买了就要物尽其用，不用才是浪费。

✻ 不必存在于家中的物品就该丢弃

已经不再使用，只是因为其他原因才存在于家中的物品要果断扔掉，像“免费的”“舅妈送的”“这个很贵”“这个还没坏”之类的原因，都不是保留物品的借口。

这十种人的家最容易乱

成为整理师后，我服务过上百个家庭。我将这些客户的家视为我庞大的数据库，从中归纳出十种家里最容易乱的人，并给出了相应的解决方法。

＊搬完家才整理的人

先看看多数人是如何打包的吧。大部分人搬家时，第一个想法是“需要许多纸箱”。有了纸箱后，他们开始将要搬走的物品放入箱子，然后在箱子外面写上标签。可是打包一段时间后，他们会发现家里越来越乱，箱子越来越多，已经不记得某件物品到底在哪里、是否已经被打包了。这时候，他们的心情也会变得烦躁。

Before

×

Ⓐ 搬家前没时间整理，将物品匆忙打包，直接搬到新家

Ⓑ 新家面积小，但是物品的数量没减少，只能一直堆放着

必须先将不需要的物品淘汰，再帮每件物品找“家”

After

√

Ⓒ 先从自己觉得最好下手的地方开始整理

Ⓓ 将物品分类并分别集中到不同的区域，例如：将所有衣服集中到衣柜旁，将书和文件集中到书桌旁或书架旁

还有些人，如果看到有的箱子没被装满，就会这样想：不必麻烦了，反正放得下，到了新家再好好整理吧，先将全部家当送上车，一切到了新家再说。

可他们没想到，到了新家也只是从“打包地狱”移动到“拆箱地狱”而已。当你看到原本空旷干净的新家转眼间变成了堆满箱子和大包小包的仓库，而自己完全没有头绪该从哪一箱开始整理时，疲劳、无力感袭来，原先对新家的美好幻想瞬间破灭，只能对着这些箱子发愁。

其实，如果你能做到标记与分类，就能非常轻松地在搬家的当天将物品全数归位！

×

A 没有整理、标记就打包的东西找起来会非常困难

B 堆放的物品已经影响到家中的采光了

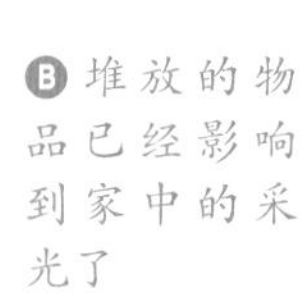

After

√

C 将物品分类收纳，家会“变大”

在箱子外写上里面放了什么东西，这样到了新家后才能快速找到想找的物品

赶着搬家而随手乱塞，会导致到新家后更难收拾

那么，如何打包才是正确的？答案是先舍弃，再分类，最后打包。舍弃那些不喜欢的、长时间没用的、不好用的物品。因为只要物品长时间没被用过，它对你来说就像垃圾一样了，带垃圾到新家是没有任何意义的，帮垃圾找位置更是在浪费时间。所以，请你一定在打包之前就将不需要的物品淘汰，只带走需要的就可以了。

有些人整理完新家后竟然扔了满满一电梯的垃圾。若是搬家前先整理，不带那么多垃圾到新家，就不需要花费不必要的费用和这么长的时间了

另外，教你一个小窍门。搬家前先找一个行李箱，准备3～7天的生活必需品放在里面，这样可以避免常用的物品被打包在好几个箱子里，到新家后使用时还得拆箱子翻东西。

在搬家的过渡期你就靠这个箱子过日子吧！也许你会发现，其实只靠这一个箱子过日子也不会有什么大问题，就算开始时觉得不方便，但还是可以习惯的。那么，不妨顺便思考一下其他箱子里的物品是不是必需品吧。好像没有那些物品，日子也过得挺好的，不是吗？

准备好过渡期要使用的箱子，就开始打包其他物品吧。打包之前先将物品分类，保证一个箱子里只放同类型或是会在同一时间、同一地点使用的物品。

以我的生活方式举例：我洗完澡后会大口喝水，顺便视面部皮肤状况决定是否需要喷化妆水或敷面膜，还会在特别干燥的地方涂一点儿凡士林；接着，我会在头发上抹一些免冲洗的护发营养液，并用棉棒清一下耳朵里的水，再用牙线清理牙缝；之后我会涂抹身体乳、剪指甲；最后我会吹头发。

先进行物品淘汰再打包，只将必需品带到新家

因此，我要将上述步骤中会用到的物品都放入同一个箱子，包括化妆水、面膜、凡士林、乳液、棉棒、牙线、护发营养液、指甲刀、杯子、杯垫、吹风机、梳子等，并在箱子外面写上“之琳房间，床边梳妆用品”。这样，无论当天在新家指挥搬家的人是谁，都可以快速地请搬家人员将箱子送进对的房间，我在使用时也可以快速找到这些物品了。

打包时，记得先将体积大的物品放入箱子，不要因为箱子里还有空间就乱塞，否则拆箱时会碰到许多麻烦。切忌选择过大的箱子，过大的箱子会因盛放太多物品而过重，在搬运时也会很麻烦。另外，尽可能在箱子的每一面的同一个角落写上内容物和所属房间，并用醒目的胶带做“此面朝上”的记号，如果有易碎品，应用醒目的红色来标示。

*活在过去的人

很多妈妈留着怀孕前的衣服舍不得扔，还总会说“我瘦下来就可以穿了”。可大多数讲这句话的妈妈直到她们的孩子已经长大了，也没能再穿上这些衣服，这些衣服便只能在衣柜深处发霉。每当遇到这种情况，我都会问这些妈妈：“等你们瘦下来，还会想穿这些过时的衣服吗？”“我就不信你瘦下来后心情大好，不出门去买新衣服！”

无论过去的你有多么苗条，过去的就是过去了，丢掉学生时代的校服并不代表你没有上学的经历，硬是留着穿不下的衣服也不会使你永远停留在18岁。执着于过去只会阻碍现在的自己进步。

扔掉不再穿或是尺寸不合适的衣服吧

＊担心未来的人

有些人喜欢提前将物品准备好，因为他们觉得未来某一天可能会用到。我曾遇到过一位在家中囤积纸箱的客户，他说这些纸箱搬家时可以派上用场。我问："预计什么时候搬家呢？"客户说："四五年后吧！"可能他把话说出口的瞬间也察觉到自己的可笑，于是音量越来越小，最后笑了出来。提前为四五年后搬家而准备大量纸箱真的有必要吗？答案显然是没有。要知道，给物品住的空间是仓库，给人住的地方才是家。

当然，也有许多人囤货是担心以后会买不到，或不会有这么低的折扣。可是商品在不断升级，逢年过节，各种优惠活动也会层出不穷，你真的不用担心买不到东西。

孩子才 4 岁，可是妈妈囤的儿童用品已经到适合 8 岁儿童的了

女孩因担心非常喜欢的眉笔停产而一次囤了 40 支

多数房间凌乱的人，不是将关注点放在过去就是放在未来。他们有些人太担心未来，有些人则对过去太执着。其实，我们应该将关注点放在现在，思考现在需要什么，主角是自己而非物品

✻ 收纳工具太多的人

我服务过的家庭半数以上都有收纳工具太多的问题。我发现许多人的思路是：东西太多就去买几个收纳盒把它们装起来，等到收纳盒太多的时候，就去买一些架子，用来摆放这些收纳盒。其实这些人只是用了“眼不见为净”的方法来囤积物品，他们认为只要将物品丢入收纳盒就是收好了，从来没有想过真正的问题是收纳盒太多。

收纳盒太多会造成什么问题呢？最常见的就是因为收纳盒里还有空间就不自觉地放入更多物品。很多人在还没有整理好物品时就买了许多收纳工具回家，请问，在整理之前，你是如何计算出自己需要多少个、什么样的收纳工具的呢？因此，将物品整理好之前不要买收纳工具，有时候整理完，将不需要的物品淘汰之后，家里甚至会多出好几个空的收纳工具呢。

如今房价越来越高，地狭人稠，掌握收纳技巧的确是小户型居住者的必备技能，但如果先将收纳工具买回家，再思考应该放什么物品进去，只会导致收纳用品越来越多、空间越来越小。

收纳固然重要，但是我想请各位思考一下，物品太多的根源到底是什么？很多人有收纳的需求是因为物品太多而放不下，所以收纳的根源是控制物品的数量，而不是苦思收纳妙招。只要物品精简够用，家中可能根本就不需要收纳工具，也不需要你掌握任何高深的收纳技巧。

用这么多不同尺寸的非透明盒子来收纳，会使东西更难被找到

✻ 只进不出的人

为什么整理师总是要大家淘汰物品呢？因为物品太多时，不管怎么收纳，房间都会很乱。我服务过一个打算生第二个孩子的家庭，主人将第一个孩子的所有衣服、玩具、书等都放在家里，等着二宝出生后使用。我还服务过对某种物品情有独钟的人，他恨不得将家里布置成收藏品的展览馆。还有人非常“节省”，只要物品没有坏就不会扔，导致家里有太多无用的家具，只是因为这些家具没坏。

如果我们像保存食材一样为物品标上保质期，就可以解决许多烦恼了。其实，许多物品虽然还可以用，但是早已经过了最佳使用日期，即使表面看起来没有发霉或是腐烂，也不能继续使用了。在家中堆放太多没有用的物品，只是在囤积麻烦，导致家中聚集了很多负能量。

身为一位整理师，对此我深有体会。当我进入一个负能量太多的房间时，会感到身体不舒服，甚至呼吸时都会觉得空气是混浊的。这无关鬼怪，纯粹是物品堆积带来的压迫感，相信许多人有这种体验。

堆积的衣架制造负能量

只留下够用的数量就好

＊公共区域分配不明确的人

有些家庭人口多，许多家庭成员住在一起，就容易产生公共区域分配不明确的问题；还有些家庭空间较小，为了利用每一个角落，能收处尽收，能藏处尽藏，也容易产生这样的问题。

即使是大家共同使用的空间，如客厅、玄关、浴室，也必须规划出明确的个人区域。共享的鞋柜、书柜、衣柜等都必须尽量区分出每个人的专属区域，这样才能让人在第一时间找到自己的东西。

有许多父母只会不停地让孩子收玩具，可是孩子未必知道应该将玩具收在哪里，因此一定要先规划出每个人的专属区域，再让孩子自己处理自己区域内的物品，这样才能轻松地维持家里的整洁。

明明是玄关，却混杂着童书、玩具和小孩子的衣柜，不仅使空间杂乱，还影响了采光

7 岁的孩子给自己的玩具命名、分类，并在每个格子外面贴上了自己做的标签，让每一个玩具都有专属的“家”

* 无法将物品归位的人

若没有规划好每个人的专属区域，或没有给每件物品找到一个专属的位置，我们就会花费许多不必要的时间找东西，用完之后也无法将物品归位。很多人将物品随手放在桌上或抽屉里，下次使用时又会到处寻找。因此，为每一样物品找一个“家”，这就是整理的“终点”，也是让空间不轻易变乱的最好方法。

* 生活习惯不好的人

为物品找到专属的“家”之后，就需要我们好好保持。如果生活习惯不好，如习惯将物品随手放，回家后脱下来的外套不放回衣架，看完的报纸不折好，用完的碗盘不拿去水槽，等等，那么即使请整理师来整理一百遍，也改善不了糟糕的情况。

“生活应该建立在有意识的选择上，而不是被无知觉的惯性推着走。”这是一位学员听完我的讲座后给我的反馈，我非常认同。问问自己想在什么样的环境中生活，想想自己理想中的家是什么样子的，试着去改变，养成好习惯，战胜惯性和惰性，你的生活将更美好！

没有“家”的物品常常会被“暂时”放在一边，久而久之就堆积成山

✻ 不了解自己的人

一些人会花一大笔钱购买自己喜欢的物品，还有一些人会把大把钞票花在追求时下最新的、最流行的东西上。购物是必需的，也是值得的，但请你想一想，用金钱换回家的物品是否合用，是否适合现在的自己，你是不是真的喜欢它们。

先了解自己的需求，再购买适合现在的自己，同时真的喜欢的物品吧。我曾经买过许多不适合自己的衣服，只因为我觉得“女生都应该有一件这样的衣服”或“自己好像没有这种风格的衣服”。于是我一次次地把衣服买回家，又一次次地扔掉。现在，我非常清楚自己的体形、喜好、风格，不会再盲目地追求流行了！

为客户断舍离，一个房间里就要扔掉16大袋、5小袋物品，实在太可怕了

✻ 不懂拒绝的人

有些人已经很克制自己的购物欲了，可家里的物品还是会莫名其妙地变多，这是因为他们拿了太多“免费”的物品回家。有些人在路上看到有人在发卫生纸，心里想着“不拿白不拿，反正都会用到”，就把东西领回家；在商场里看到有用积分换取玻璃杯的活动，虽然家里已经有很多杯子了，但想着“免费的，干吗不要”，就将东西换回家……还有一种人，他们人缘特别好，常常收到赠品或礼物，又因为“不好意思拒绝”或是觉得“这东西非常值钱”，就将东西收下带回家。

想一想，你的家中是不是也有这样的赠品？每年大扫除时，你也只是将这些物品拿出来看看，换换位置，再重新放回去，真正用的可能不到十分之一。

因此，下次再碰到这样的好意时，请先思考自己是否需要。若是用不到或真的不喜欢，就勇敢拒绝，说声“谢谢，但我真的不需要”。

另外，还有一种人，当自己家里有不要但又不愿意丢掉的东西的时候，就会把东西放到别人家，比如长辈将东西硬塞给小辈，再比如女儿把家中放不下的物品拿回娘家放置，等等。收到东西的人不好意思拒绝，硬生生地将自己宝贵的空间变成别人的仓库。因此，请狠下心，坚定地拒绝吧！

这位客户几乎没有帮一岁多的女儿买过任何衣服，但家中全是女儿的衣服，只因无法拒绝他人送的礼物，导致衣服数量巨大

找出三样你认为自己不能没有的物品

想一想，你身边的物品中有哪些是可有可无的，哪些是不能没有的？每个人的选择都不一样，有人会选择手机，有人会选一支口红，因为同样的物品对每个人的重要程度是不一样的。

我服务过一个刚搬完家，但是始终无法提起劲儿拆箱整理的客户。在她搬家前，我已经教过她打包的技巧，还约定在她搬完家的一个星期后再见面。因为我事先提醒过她要准备行李箱，将搬家后的过渡期需要用的物品单独装起来，所以这一家三口就靠着三个行李箱生活了一个星期。当我们再见面时，女主人对我说，靠一个行李箱生活其实也能活得很好。你看，其实我们根本不需要太多物品。

假如此刻，你的生命只剩下最后一分钟，你认为最重要的是什么呢？这一分钟里你会需要手机吗？会需要电脑吗？还是需要钢铁侠的公仔呢？都不是。大部分人会希望和在乎的人在一起，把握当下。人生中最重要的绝对不是物质、权力或名利，身外之物真的没有那么重要！我曾经设想若是家里失火，我会带走什么。想了很久，我想我会先以最快速度通知所有人，然后抱着我的两只猫逃跑，其他东西对我而言真的都不重要。你呢？

现在，再想想什么是你不能没有的东西吧，找出三样。我一样也找不到。

第二章

整理前你要知道的事

大部分人不是不愿意整理，而是因为整理了马上又会变乱，所以对整理这件事感到灰心。

在本章，我会告诉大家整理的要点，希望能给大家一些指导。当整理的方式对了之后，只需要好好维持，就能避免家里脏乱不堪，也不需要常常做大扫除了。

别再错怪保洁阿姨

在整理师这个职业尚不被大众所知时，多数人以为整理收纳是保洁员的职责。我经常听到客户这样说："我每两个星期就会请保洁员来打扫，可是依然觉得家里非常乱，打不打扫根本没什么差别。"我要提醒大家，千万要弄清楚，打扫会使房间变干净，但不会使物品变整齐。打扫、整理、收纳是完全不同的三件事。

看到一张乱七八糟的餐桌时，你会先拿抹布擦桌面，擦完了再收拾碗筷，还是先收拾碗筷，再大面积地擦桌面呢？面对一间长期堆放杂物的房间，你会拿笤帚只扫一扫空出来的地面，还是将杂物收拾好后，再扫地、拖地呢？

想拥有一个干净整洁的空间，首先要做的是整理，打扫与整理是两回事。如果你请的保洁员只会打扫却不太会整理，不代表他能力不够，其实他已经做好了本职工作了。所以别再误会保洁阿姨或家政公司了。如果家里打扫完看起来依然很乱，那你应该从整理入手。

如果保洁员只会打扫而不会整理，不代表他们能力不够

整理、收纳、收拾的差异

我必须要说的是，整理、收纳、收拾是三件完全不同的事情。

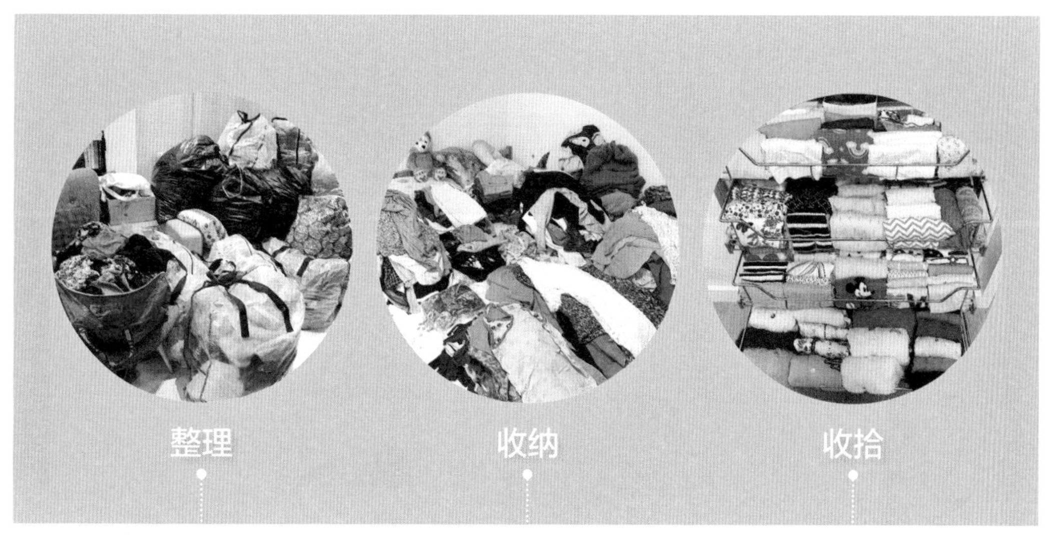

取舍　　有效分类与美化　　快速将物品归位

* 整理的精髓是取舍

要下定决心、做好准备后再开始整理，因为整理的过程通常是让人崩溃的。整理之前不妨先想一想，是否希望家中有一个地方可以让自己铺着瑜伽垫做运动呢？如果你的答案是想！很想！非常想！那就坚强点儿，勇敢地打开杂物间，将里面的物品一件一件地拿出来吧。做好心理准备，平常你连看都不想看的地方，这次要面对它好几个小时，甚至好几天的时间！

整理的时候，你会时而懊悔，时而揪心，时而惊喜，时而痛苦，在这些情感漩涡中不停打转。整理的过程也很挑战耐心，你必须将物品一件一件地拿在手上，包括那些不知道从哪里来的小纽扣、已经分不清还有没有电的电池……这些不知道该如何分类的小东西都需要你去一一面对。

在整理时，你可以问问自己：“我现在用得到这件物品吗？”“我喜欢这个东西吗？”“这个东西与我的生活空间搭配吗？”整理就是不断地和过去的自己对话，你家现在的样子，就是你生活习惯的呈现。

整理的精髓是取舍，只留下你真正喜欢的与真正需要的物品就可以了。亲戚送的一套全新的、派不上用场的烘焙工具，刚到货的穿起来超级显胖的衣服，等等，这些物品你既不喜欢，也不需要，所以请将它们送出家门吧！

我曾送给朋友一套餐具，自认为很适合她。她不喜欢这个颜色，故将其转送了出去

✻ 千万不要急着收纳

你可以把物品分成三类，一类是你非常喜欢、非常需要的物品；一类是你不喜欢、不需要、打算丢弃的物品；一类是还可以用或价值不菲，可以赠送或是卖掉的物品。在分好类之前，请勿贸然进行下一步，否则你会越整理越乱。

整理时，需要将分类做到多细完全看个人习惯，原则是只要你能在几秒内想到要用的东西在哪一个房间、哪一个柜子的第几格抽屉里就可以了。要知道 ，没有任何一样物品就应该被随便放在桌上或地上，如果家里没有这件物品的“容身之处”，那它可能不属于你。

我们还可以将第一大类“喜欢的、需要的”再细分成经常使用、偶尔使用和很少使用三类。我们可以将经常使用的物品放在最顺手的地方，通常放置高度对应我们的头到腰部之间；将偶尔使用的物品放在稍高或稍低的地方；将很少使用的物品放在比较高、比较低或是比较深的地方，但也必须是一个你记得住的地方。

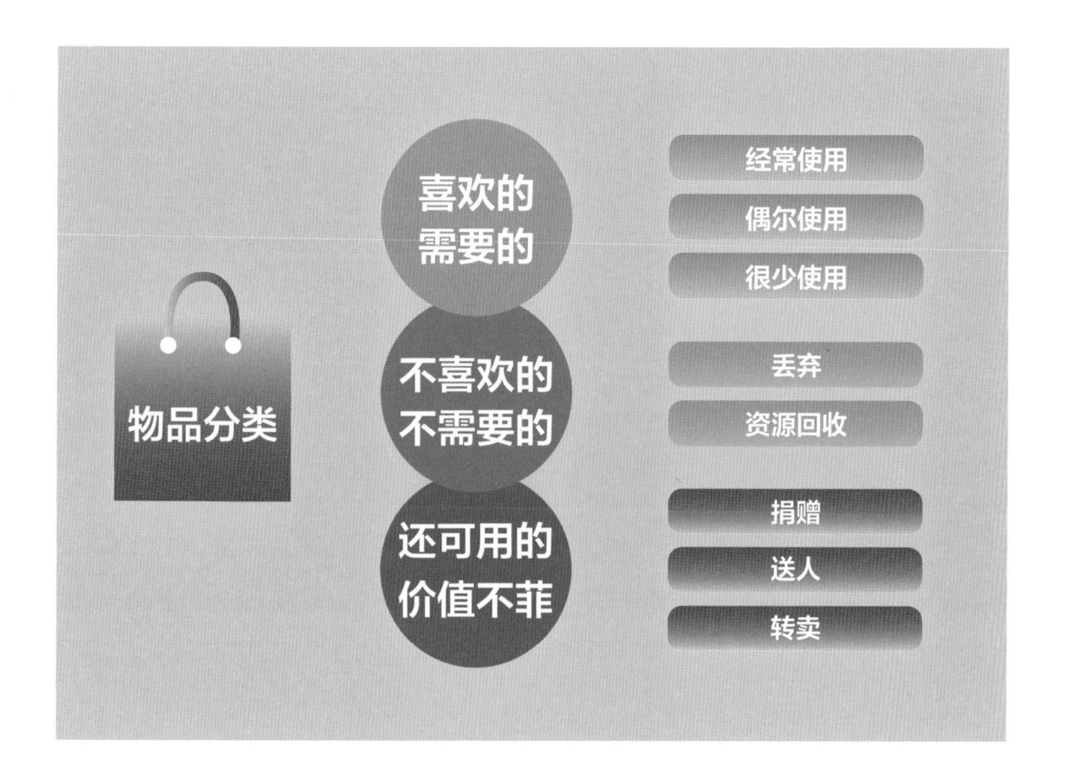

每一样物品都要有它专属的“家”，而且同类物品最好放在一起。有人喜欢买零食，会将一部分零食存放在厨房的柜子里，为求方便，另一部分则放在茶几附近。可大家都习惯吃茶几附近的零食，久而久之，放在厨房柜子里的零食就会被彻底遗忘，最后落个过期的下场。因此，要尽可能地将同类东西放在同一个位置，我们才能够准确地掌握它的数量。

虽然杂物容易让人崩溃，但是没有无法分类的物品，大家可以参考下面的分类方式。

- 锅具、餐具、干货、新鲜食材、零食、调味料、罐头。
- 洗漱用品、沐浴用品、清洁剂。
- 外套、外衣、贴身衣服、睡衣、衣服配件、鞋、包、寝具。
- 护肤品、化妆品、首饰、发饰。
- 纪念品、装饰品、文具、电器及配件、文件、书籍、薰香、药品。
- 收纳工具、清洁工具、玩具。

✻ 收纳的目的是有效分类与美化

为了更快地拿到整理好的物品，常常需要借助一些收纳工具来达到目的。这些收纳工具不仅实用，还可以起到美化居家环境的作用。那么，什么时候才需要购置收纳工具呢？我认为可以在整理了三分之二时，也可以在整理完，但是在动手分类前请不要冲动选购。许多客户和我预约之后都会问我是否需要先买收纳工具，我会坚定地回答：“不用！不需要！千万别买！”

在还没掌握物品数量之前购买收纳工具就像在碰运气，运气好的话可以买到尺寸刚好的，但运气不好呢？一般人会选择将就使用，然而多数收纳工具都不容易坏，那你要将就多久呢？因此，不要急着买收纳工具，先把不需要的东西送出家门，再仔细检查留下的物品有多少，最后去挑选适合的层架、柜子、篮子，这样才不会后悔。

＊收拾是快速将物品归位

收拾就是物归原位的过程。将看完的报纸拿到回收处；将用完的浴巾挂在钩子上晾干；从超市回来后将生活用品放到对应的柜子里，将零食放到零食区，将衣服放进衣橱，将食物放入冰箱……这就是收拾。在你为家中每一样物品都安排了一个“家”后，就没有任何物品会“流离失所”了，收拾就会变成“每天5分钟的事”，下班后就能轻松搞定。

孩子的小型玩具可以放在床边的收纳柜中，爸妈先示范给孩子看，之后让他们自己动手收拾

从最容易下手的物品开始整理

大部分的人燃起整理的欲望时都会冒出这种念头："今天整理一下客厅好了！"或是"今天先整理这张桌子吧！"可整理师不是这么做的。

日本知名整理师近藤麻理惠在其著作《怦然心动的人生整理魔法》中提出，整理的顺序依次是衣服、书籍、文件、小东西、纪念品。发现了吗？整理的顺序是依照物品的类别，而不是空间来安排的。这非常重要！由于厨房用品会出现在餐桌上，私人物品会遗落在客厅茶几的抽屉里，本来应该放在浴室的东西也可能出现在其他房间里，因此，按照空间来整理是不科学的。如果我们能在日常生活中养成好习惯，将同类物品放在一起并保持这个习惯，整理起来会轻松很多。

你一定也有过这样的经验：想整理旧照片时，翻着翻着就陷入回忆，等到将照片全部看完，天也黑了，又要赶紧下厨了，于是只能赶快把照片原封不动地收回去。虽然什么都没做，时间却这样过去了。因此，我到客户家中整理时，会建议客户将有感情价值的物品放到最后处理。至于是否一定要从衣服开始整理呢？也不一定，只要从你觉得最容易下手的物品开始就行了！

为物品安排合适的"家"，每天只要花 5 分钟就能轻松收拾完

＊彻底清空与集中

想整理衣服，先要清空衣柜，再把所有衣服集中在一起；想整理厨具，先要将橱柜清空，并将所有的厨具集中在一起；想整理书，先要清空书柜，并将家里所有的书集中在一起。

有些人省略了“清空”这步，纯粹是将物品交换了一下位置重新摆放，这种整理方式只适用于调整已经筛选过的物品的摆放位置，不是真正的整理。如果未经筛选、减量就去摆放，最终效果会与你预期的差很多。

帮客户整理时，我会不断地问他们：“这是家里所有的××吗？”直到客户斩钉截铁地回答“是”之后，我才会开始寻找合适的位置摆放物品。否则，如果客户总是突然又拎出一袋已经整理过的类型的物品，那之前找到的“合适的地方”可能容纳不了它们，便只能将这类物品全部拿出来再次找地方收纳，这是很浪费时间与精力的。因此，请务必做好清空和集中工作，整理已经非常伤神了，让我们用最高效的方法进行，好吗?

另外，清空的同时可以顺便做一些简单的清洁工作，比如用抹布擦拭表面的灰尘或将橱柜移开，清扫被它挡住的地面。

先把全部书都放到桌上，然后依照书的内容分类，再放入书柜

* 分类，为物品找到合适的“家”

在完成清空和集中后，只从中挑选出你真正需要的物品就好，其余的可以直接忽略。对！就是这么简单！

整理时，建议你一次只做一件事，一次只想着一类物品就好。分类时，专心地挑出自己真的喜欢或真正需要的物品，至于其他物品要捐到哪里、送给谁，这些都不是现在要考虑的事，等整理完再思考也来得及。如果遇到让你有点儿犹豫的物品，想一想你上次使用这个物品是什么时候，它为什么来你家，如果你真的喜欢，为什么这几年把它遗忘了……想好之后，再做决定。

完成分类，你就可以将物品摆上架了，但必须注意同类型物品的长、宽、高，替它们寻找合适的“家”。你可以选择一个抽屉放文具，但笔、胶带等不同小类的物品也要用不同的收纳盒收好，这样可以方便寻找，就好像一间没有隔间的屋子住起来会有许多不便，而分隔出客厅、卧室后就方便多了。

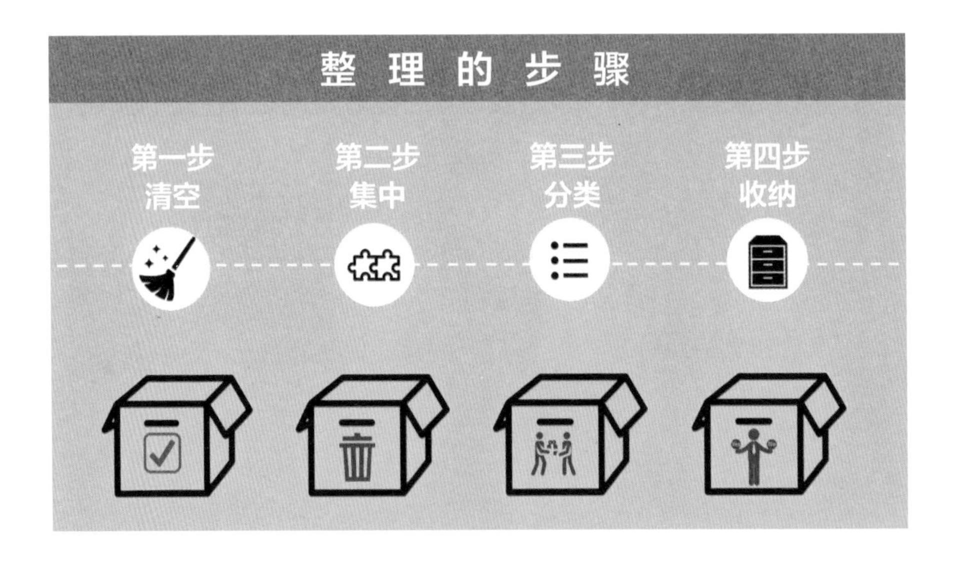

保持好习惯

整理师能在短时间内协助客户将不需要的物品送出家门，只留下真正需要的物品，这就像是在帮一个家“抽脂”，只留下适当的脂肪，抽掉多余的脂肪，还客户一个轻盈的家。

抽脂是一种快速瘦身的方法，但不是一劳永逸的方法。假如抽脂后依然不忌口，总是大吃大喝还不运动，那么用不了多久就会恢复过去的体形。整理也是一样，若你依旧将许多非必要物品带回家或是习惯性地将物品乱放，那么家里再次变乱也是非常正常的。

虽然我在这本书里写了许多整理收纳的技巧，但最重要的是改变生活习惯，当物品有了“家”之后，记得将它送回“家”，这才是整理后再也不变乱的根本方法。

终于整理好了，可以好好喝杯茶休息一下了

第三章 3

什么样的物品可以被带回家

许多人都认为家中杂乱是因为自己的家太小或收纳工具太少，其实不是家太小，而是物品太多。

这一章我想纠正大家的消费观，从不带多余物品回家入手，帮助大家减少整理物品的时间，消除舍弃物品时的烦恼。

不要背叛你与物品的关系

你知道衣服的制造过程吗？你知道生产一条牛仔裤需要用多少水吗？生产一条牛仔裤需要3480升水，相当于一个人六年的饮水量，再加上生产衣服所需的人力成本和时间成本，可以想象，一件衣服从无到有需要经过许多程序、耗费许多资源才会到我们的手上。因此，无论是花钱买的还是别人送的，我们需要充分利用这件物品，这样它的“一生”才算值得。

如果，一件衣服因为你的冲动购物而进入衣柜，却从未获得过你的青睐，也可能只被穿了一两次就一直待在衣柜深处，逐渐泛黄从而产生“怨念”。如果情况好一点儿，它们可能被送入旧衣回收箱或是被丢入垃圾桶。我要提醒你的是，你浪费的不只是一件衣服，还有许多资源、购买衣服的时间、衣柜的空间、金钱……钱不该是这样花的，经济也不需要以这种方式刺激，检视一下自己，想想自己对物品是否有这些不负责的行为。

当然，除了衣服，许多物品都有使用期限，即使你不用也会坏，那么它们被制造出来的意义到底是什么呢？答案就是“被妥善使用”。

在学习物品的收纳技巧之前，先阻止不需要的物品进入家里，这比任何收纳方法都重要。当你打算购买一件物品时，如果无法为它在家里找一个“容身之处”，那就可以不要买了。

对于他人赠予的物品，如果你确定不喜欢这个物品或是用不到它，就可以大胆拒绝，不要收下。对于那些确实无法拒绝而勉强收下的物品，请在进家门前想好它可能的去处，千万别把它变成垃圾！

衣服应该被好好利用，而不是一直被藏在衣柜深处，否则很容易累积“怨念”

断舍离与极简主义的差异

日本作家佐佐木典士在《我决定简单地生活》一书中提道："将自己的物品减到最小限度的生存之道，就是极简主义。"可是极简主义真的适合每个人吗？对于这个问题，他说："每个人出生时都是极简主义者，然而随着时间的推移和年纪的变化，人们拥有的物品越来越多，最后要以自由来换取这些物品。"这句话的意思就是拥有的东西越多，失去的也越多。

已故的表演大师贾伯斯的衣柜里挂的都是同一款黑色高领衫和同一款牛仔裤，他说："除了我的工作，其他需要决定的事情越少越好。"东西越少，就能将越多的时间和精力集中在重要的事情上。我想，除了衣柜极简，贾伯斯的生活应该也是如此吧！

我们说要将必需品的数量减少至最低限度，可到底多少是最低呢？其实这要因人而异，每个人的需求不同，对于最低限度的标准也不一样，当然就没有标准答案。有些人只要有两件外套、六件上衣、三条裤子就足够。而有些人可能需要三件外套、五件上衣、两条裤子、两条裙子。若你已经从断舍离进阶到极简主义，那么你看到这里就可以了，因为你对物品的需求已经很少了，东西少自然就不需要整理和收纳，也不需要收纳工具的辅助。

极简主义真的适合每个人吗？我的答案是因人而异

聪明购物，培养正确的购物心态

购物是一件每个人都会做的事情，但是每个人购物时的心态不尽相同。你会在什么情况下购物呢？是开心时，压力大时，心情不好时，还是无聊时？

你可以做一个实验。和家人一起到超市购物时，除了买购物清单上的物品，肯定还会有一些物品因为特价或是商品销售策略而被放入购物车。准备结账时，如果你把购物车藏起来，你的家人会怎么办呢？他们应该会回去把该买的东西再拿一遍，然后重新排队。这时候，你再将原来的购物车推出来，比较一下，便会发现第二次拿的东西比第一次的少很多，第二次拿的几乎都是必须要买的物品。

＊写下购物清单

购物前先列一个购物清单，如果可以，最好注明上次购买这些物品的价格，这样就可以将花费控制在预算内。

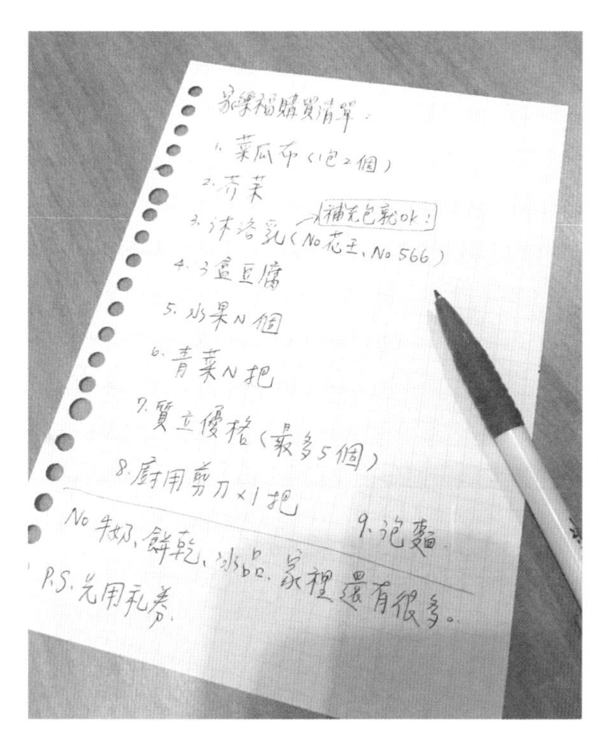

不仅要列出需要购买的物品，还要列出一定不能购买的物品

＊购买熟悉的品牌的商品

尽量购买自己熟悉的品牌的商品，这样做一方面可以保证质量，另一方面是你对该品牌的价格更了解，就不会轻易被商场里的“红字”洗脑，因为有时候大大的“折扣”二字并不代表商品确实便宜。

＊尽量不用信用卡

只带着预算内的现金出门，不带信用卡，这样可以避免购买太多“想买”的物品。当然，你可以多带两百元，以应对涨价等不确定因素。

＊不被多件组合“诱骗”

举个例子，许多人看到“锅具25件组合装特价×××元”时，就会立刻掏出钱包购买，但家里瞬间多了25口锅，要放在哪里呢？购物时一定要本着“需要几个就买几个”的原则，不要因为便宜就冲动买下组合装，否则你会发现你不仅花了钱，还把家里的空间变小了，得不偿失！

＊不开车，避免购买太多物品

购物时，只带足够的钱和购物袋出门，并尽可能不开车。这样你会因为拿不动太多物品，只能购买步行能够提得动的重量的物品，从而打消购买太多物品的念头。

不被商业活动“绑架”

“五月宠爱季”“最强感恩季”“买5000送500”……这些标语大家都不陌生吧！如果必须购买的物品正好在做特价，我们当然开心了，但是你必须明白，这些标语只有一个目的——促进消费，而且往往都是吸引顾客掏钱购买原本不打算买的东西。

当你在百货商场或超市消费达到3500元，店员提醒你还差1500元就可以获得陶瓷杯盘5件套时，请你冷静地想一想：是否还有必需品要买，是否真的需要陶瓷杯盘5件套，家里是否有地方放。

东西越多，家里就会越乱，商业手段在促使大家购物这件事上功不可没。商家算准大家容易被“特价”二字吸引，便一波未平一波又起地搞活动，大家要擦亮眼睛啊！购物前列出购买清单是最理智的做法，不要因为心情好、心情不好或是无聊就去逛街、逛网店，只带符合预算的现金，尽量不使用信用卡，这些都是保证理智消费的方式。

因凑到了满减金额而获得的赠品，最后却被原封不动地放在杂物间

减法人生能让你获得更多

断舍离不仅仅是一种整理术，还是一种生活哲学。只要理解了它的真正含义，那么无论你在哪里、在做什么，都用得到。比如减肥时就可以用“断舍离减肥法”，只摄入身体需要的营养和热量，身体不需要的就不吃，久而久之，你会发现没有那些多余的热量后，身体变得更轻盈，更健康了。

处理人际关系时也可以使用“断舍离法”，像是看了有负担的社群、让自己有压力的朋友圈、基于种种原因而加的非好友的“好友”、毫无交情或根本不想再有交集的联系人，都可以从你的生活中、社交软件中删除。一段不自在、不平衡的关系，一份让自己毫无收获的工作，也可以断掉。另外，将多余的、不再使用的账户注销，将垃圾邮件改为拒收，将手机里没用的程序删除。

其他事情也是如此，将失去养分的发尾剪掉，将没用的购物小票、账单扔掉，去超市时自带一个购物袋，避免使用不环保的塑料袋……

进行断舍离之后，你会发现减法人生反而能够让你获得更多。

第四章 4

整理，从自己开始

整理物品其实就是在整理一颗杂乱的心，大部分人总是将空间留给物品，却忘了生活在这个空间里的主角是人。

家里乱的人经常说：“我家虽乱，但是乱中有序。”可再怎么有序，也仅限于常用的物品“有序”，真的要找几个月以上没有使用过的小东西时，往往需要翻箱倒柜地寻找。

在这一章，我将与你探讨人、物品、空间的关系。

整理是打理内心的混乱

许多人在还没真正开始整理时就已经放弃了。事实上，大部分人看到眼前的杂物堆时是很难想象出整理后的样子的，更别说在脑子里过一遍整理的流程了。这也是为什么整理前后的对比图会让大家无比震撼。

通常，整理到一半时，房间确实会比整理前更乱，因为整理的第一步就是把长期以来不想面对的杂物通通翻出来，这是一个磨炼心志的过程，所以我会说，整理虽然是在帮物品找“家”，其实更是在整理自己内心的混乱。因此，要对抗这个煎熬的过程，你必须有强烈的决心。

×

A 物品胡乱堆放，压在下面的物品很难拿出，又因为这么难拿出，下面的物品就更容易被遗忘

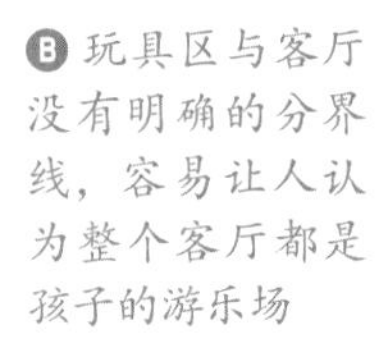

B 玩具区与客厅没有明确的分界线，容易让人认为整个客厅都是孩子的游乐场

整理前，想找一本书都很难；整理后，因为不需要花时间翻找，亲子关系更和谐了，父母有了更多时间陪伴孩子阅读

After

√

C 整理时先决定大件物品的位置，如桌子、书架，再决定小件物品的位置，如玩具

D 尽可能清空地面，这样做除了方便清洁，还能使房间在视觉上显得更干净，有小东西掉落时也比较好找

整理的决心是对生活的期待

为什么要整理呢？因为家里杂乱无章影响到了夫妻之间的感情吗？因为怕孩子长期处在让人无法集中注意力的空间里，影响他们的发展吗？还是因为自己迟迟不敢让女友来家里坐坐，导致女友非常不开心？你是否再也忍受不了这样的自己了？仔细想一想，一定是某一事件让你有了重新整理家的决心。

逛家居卖场时，你肯定也想过住在那样的空间里吧。想在洗澡后做一些伸展运动；想过上睡前喝一杯温热的牛奶，开一盏小灯在床上看书，点着精油入睡的惬意生活；想睁开眼就能看见阳光照入家中，在新鲜的空气中和世界说早安……

Before

×

A 所有的柜子、桌面上都放满了东西，看起来杂乱无章

B 大型家具的摆放不合理，造成动线不流畅，也压缩了一些原本可以使用的空间

After

√

C 将杂乱的小东西收进柜子，并利用收纳盒分类存放

D 将柜子面、桌面尽量清空，若想展示一些物品，可以选择数量多且整齐划一的物品陈列

空间不够造成工作室开课困难，整理好后空间“变大”了，工作效率也会提升

想拥有这样的生活，首先，你必须将堆在阳台上的物品清走，因为那些杂物会挡住阳光，使房间变得昏暗。另外，杂物堆得太久会落满灰尘，这会使人更不敢开窗，造成家中空气不流通。事实上，你想象中的生活无法实现，绝大多数时候是环境不允许造成的，所以赶快动手整理吧，过上你想要的生活！

堆在阳台上的打扫工具可以用伸缩杆做悬挂收纳，这样就不用担心工具靠在墙面上东倒西歪了

将空间留给自己真正喜欢的物品

以前，因为没有足够的空间，出国旅游带回来的可爱装饰品迟迟不能被陈列，我还将一些自己非常喜爱的字画、拼图、照片也收了起来。你也有这样的烦恼吗？

随着房价越来越贵，空间也越来越珍贵，因此我建议各位将珍贵的空间留给人、必需品与自己真正喜欢的物品。我常和客户说：“如果不知道这个空间能放什么，那就让它空着吧！”是的，让你的生活多一点儿“留白”，为自己真正喜爱的物品留点儿空间，你会在这些地方得到更多自由。

开放的架子适合放展示品，不适合放杂物

囤积与收藏不同

家里乱的人经常说：“我家虽乱，但是乱中有序。”可再怎么有序，也仅限于常用的物品有序，真的要找几个月以上没有使用过的小东西时，往往需要翻箱倒柜地寻找。还有很多人会说：“那些都是我的收藏品，不能扔。”什么叫收藏品？收藏品是你会在它身上花费心思、时间、金钱的物品，是你想把玩、清洁、展示并和亲友分享的物品，而不是被遗忘在角落的物品。

我认识一位阿姨，她的家中堆满了罐头、塑料袋、纸、衣服，她从没丢弃过任何东西。我还认识一个小女孩，她喜欢将用过的创可贴贴在床边，将吃完的糖果包装纸放在书包或口袋里，对她而言，没有什么物品是垃圾。我还遇到过一个成年男人，他总是把包装纸盒留下，甚至连空的药盒都要保留，但他从未整理过这些纸盒。这些人都是不愿意丢弃物品的人，他们的物品越来越多，其中却没有什么是他们真正喜欢的，这根本称不上收藏，这叫囤积。

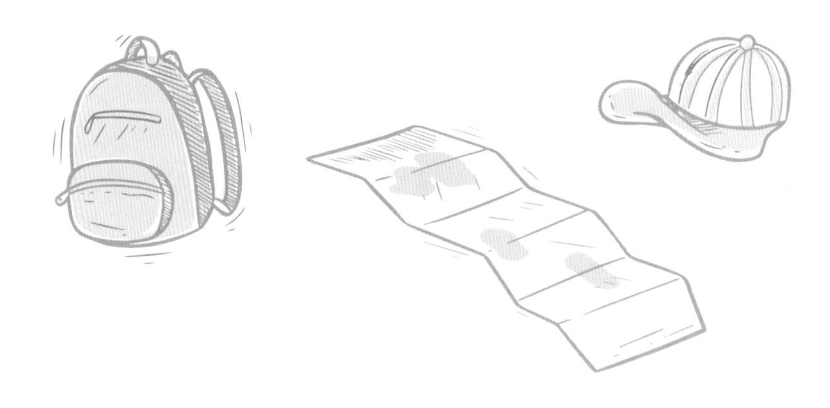

无痛丢弃法

普通人与整理师的差别在哪里？为什么自己整理完的效果总是令人不够满意呢？这是因为普通人的整理是在不丢弃物品的前提下进行的，物品只要还能用就留着，哪怕只是“也许哪一天还能用”，只有显而易见是垃圾的东西才会被扔掉，而其他的物品换了位置后还是继续待在那里等着被遗忘，从未发挥任何功能。

请整理师上门服务的前提是你愿意丢弃物品。想要达到真正的干净、整齐，唯有将物品减量，保证主人能够掌握家中物品的数量。

我常对客户说：“整理时先不要想着要丢弃什么，而是先想好要留下什么。”唯有坚定的决心才能引领你朝着理想的生活迈进。想进行一次彻底的整理，势必要丢弃大量的物品，这难免会让人犹豫或不舍，这时不妨问问自己，若是不小心丢掉这件物品，你愿意再花钱将它买回来吗？上次使用这件物品是多久之前，预计多久后会再度使用？我们借不到、租不到，非要将它留在家中不可吗？即使有机会使用，你真的会拿来用吗？它是你心中的第一选择吗？

我更想表达的是，如果需要问这么多问题才能决定是否留下一件物品，其实正说明一件事——你没有那么喜欢它。若某样物品是你非常喜欢、非常需要的，你会在第一时间确定要留下它，根本不需要这么多自问自答，不是吗？犹豫只是在帮自己找一个留下这件物品的借口罢了。若还是下不了手，你可以给自己一个缓冲的期限，比如，如果三天内用不到它就扔掉它。若期限到了，这件物品始终没有被“宠幸”，就果断与它说再见吧！

第五章

各类物品一一击破

学习正确的整理方法固然重要，但是严选带进家的物品更重要！

这一章里，我将衣服、书籍、化妆品、电器及配件、饰品、药品、纪念品等一一列出，分别讨论购买原则、选择方式、摆放方法、收纳法则等，利用丰富的案例介绍整理收纳不同类别的物品的技巧。当然，这些技巧不一定适用于每个家庭，你可以根据需要灵活运用。

不放过任何一件衣服

在第二章里，我提到整理大师近藤麻理惠建议整理要从衣服开始，因为她认为衣服给人的羁绊最少，我们最容易对衣服进行取舍。可我必须说这个顺序并不适用于每个人，尤其是某些女生。

我遇到过太多“视衣如命”的女生，仿佛每件衣服都与她有感情，每一件衣服都是某个故事的主角，有不平凡的过去，因此她们舍不得丢弃任何一件衣服。其实，这些衣服要么被塞在房间的角落里，要么被挂在快要“爆炸”的衣柜里，相互之间一点儿空隙都没有。每当一件衣服被抽出时，其他衣服就会连带着被拉歪，有些衣服甚至被放到变硬。套用我母亲说过的一句话：“你的衣服皱得和咸菜一模一样。”这样看来，这些衣服在她们心里到底有多珍贵呢？我真的看不出来。

整理衣服的第一步就是集中所有衣服，是“所有的”，而不是“这个房间里的”。要将整个家里的衣服一次性集中起来，不管是放在谁的衣柜里的，只要是你有支配权的衣服，就一件都不能放过。如果没有做好集中这一步，在收纳时你会浪费许多时间在掏空、重新寻找位置、再度收纳这个过程里。

将所有衣服集中在干净的地方，方便接下来筛选与收纳

按照个人习惯分类

整理衣服的第二步是分类。分类的方式有很多种，简单一点儿的是将衣服分成上装、下装和外套三类，也可以分成工作服、休闲服等。我建议分得尽可能细，这样以后你就可以在最短的时间内找到想穿的那一件了。我的分类方式如下，大家可以参考，也可以依照个人的穿衣习惯分类。分类没有固定的方式，只要你能记得哪一件衣服被分在哪一类里就可以了。

＊夏季衣服

上装：背心、无袖上衣、短袖上衣、薄长袖、衬衫、外套。

下装：休闲短裤、运动短裤、打底裤、休闲长裤、运动长裤、短裙、长裙、裙裤、连衣短裤、连衣长裤、安全裤。

袜子：船袜、短袜、长袜、连裤袜。

＊冬季衣服

上装：背心、长袖上衣、毛衣、衬衫、卫衣、短款外套、长款外套。

下装：休闲长裤、运动长裤、打底裤、裙裤、长裙、连衣长裤。

袜子：船袜、短袜、长袜、连裤袜。

让不适合自己的物品早日离开

分好类之后，你眼前应该会有无数堆衣服山。为什么要先“造山”呢？举例来说，原先你可能没想要淘汰任何袜子，但当你把所有袜子集中成“袜子山”时，你会发现原来你拥有的袜子比想象中的多得多。

这时候，你就可以先将袜口松了、有破洞、被染色、找不到另一只配对的袜子淘汰。接下来，你可能会发现自己竟然有这么多双一模一样的黑色丝袜，然后你可以想一想自己到底多久能穿坏一双，总共需要几双倒换着穿。想好之后，就可以再淘汰一部分袜子了。其他衣服也用这种方法淘汰，只留下你真正需要的数量，如果全部都留下，衣柜“爆炸”的情况就很难避免！将衣服集中后，你可能会发现许多连吊牌都没拆下来的新衣服。这时，请马上剪下吊牌，将这些衣服丢入洗衣机，洗好后收进抽屉或衣柜里。这样，它们就不再是新衣服，而是你每天出门前可以挑选的衣服中的一件了。要知道，衣服买了不穿就没有任何意义。唯有将吊牌剪下来，让衣服成为你衣柜中可供挑选的一员，才能发挥衣服的价值。

集中衣服后，我发现右边前排高高的一堆全部是长袖衬衫，数量超过 40 件，后面堆得更高的则是洋装

创造时尚，而不是复制时尚

平时，我们只要去热闹的商圈走一走，就能迅速地了解当季的流行趋势，但是除了时尚，我们还要找到属于自己的风格，这才是最重要的。一味地追求不见得适合自己的流行风格会使衣柜很快被不穿的衣服填满。

＊不做无新意的复制人

我在客户家常看到流行气息很浓的服饰，可通常这些服饰都是最先被客户淘汰的，因为它们往往只能穿一季，过季之后就再也不好意思穿出门了。而经典款、百搭款才是在衣柜里“待”得最久也最常被“宠幸”的衣服。

你有过这样的感觉吗？逛商场时，总觉得每一家店的店员长得都很像，穿着打扮相似到让你以为刚刚逛过这家店。同时，几乎每家店都会在展示的衣服上挂上一张明星穿着该服饰的照片，再写上“全智贤气质衬衣”“权志龙同款”等标语。是啊！这些单品明星穿戴起来确实好看，但你穿上真的会变得和他们一样有魅力吗？

再举一个例子。大家都觉得斑马的花纹很美也很特别，可如果动物园里所有动物的皮毛都变成斑马纹，那斑马纹还有什么特色可言呢？斑马的特别就在于它们天生的、独一无二的花纹，那也正是最适合它们的“衣服”。男人、女人，大人、小孩都一样，都应该找出最适合自己的颜色与风格，创造属于自己的流行，不要当毫无新意的流行复制人。

＊利用配件巧妙搭配

时尚的世界瞬息万变，如何既不伤钱包又掌握流行趋势呢？我建议大家多多利用配件。当流行亮片装时，你可以依旧穿着舒服又好看的棉上衣，只搭配闪亮的配件，如闪闪的耳环等，这样一样可以走在流行的尖端，又不会买太多只能穿一季就需要淘汰的衣服，既省钱又省力。

选择适合自己的叠衣法

衣服的叠法非常多，哪一种最好？其实，没有最好的叠法，只有最适合自己的叠法。判断一种叠衣法是否合适自己取决于两点：一是能够坚持下去，二是叠出来的衣服适合衣柜的尺寸。

许多人兴致来时会“一叠惊人”，但很难坚持下去，多数时候都是挑选时随意抽取，然后丢在一旁。很多人在衣服晾干后只将其收入房间，让它们一直躺在床上，而不直接收入衣柜。像这样没有养成好习惯的人，即便是再简单快速的叠衣法，对他们而言也是无用的。

大部分人叠衣服时很快就会没有耐心，因此当大家决定一鼓作气叠完所有衣服时，很容易中途放弃。这就像减肥一样，当发现自己胖了0.5千克时就要赶紧减，这就可以避免胖了5千克后才开始减肥的痛苦。

传统叠叠乐

采用叠放的方法收纳衣服适合对衣服皱褶接受度比较高的人，并且摆放衣服的空间不宜太深，否则会导致内侧衣服不易取出。如果衣柜较深，可以增加轨道或层板、加抽屉，也可以直接购买尺寸合适的独立抽屉，这些方法都可以改善衣服不易取出的问题。

* 直立式收纳

直立式收纳是最常见的衣服收纳法，它到底好在哪儿呢？适用于哪些衣服呢？

顾名思义，直立式收纳就是让衣服“站”起来，不让任何一件衣服被压住，让它们一件挨一件地“排排站”。这要求我们将衣服的形状和大小尽可能统一，并且不能影响抽屉的开合。

直立式收纳对衣服的叠法没有要求，只要你觉得顺手即可，但因为衣服的领口往往不够坚挺，我建议将领口摆在上面，这样会使衣服挺很多！

尽可能统一衣服的形状大小

袜子对折后收纳，方便又快速

背心对折两次后“排排站”

Before

×

Ⓐ 衣服太多，连正常抽取都很困难

Ⓑ 没有分类，常常需要翻遍整个衣柜才能找到需要的衣服

Ⓒ 浅色和软质衣服不宜放在底层

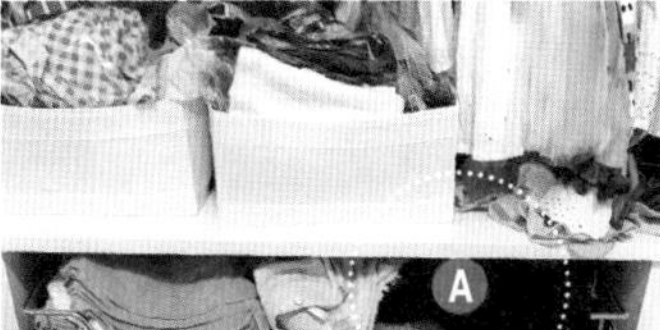

After

√

Ⓓ 定期淘汰衣服，并依照个人习惯分类

Ⓔ 底层放比较硬挺的衣服，如牛仔裤。衣服太多时可以直立摆放

为防止较薄或较软的衣物被压坏或滑出衣柜，可将衣物直立摆放

Before

Ⓐ “叠叠乐”的摆放方式容易造成底部衣服不方便取，或取出时易弄乱其他衣服等问题

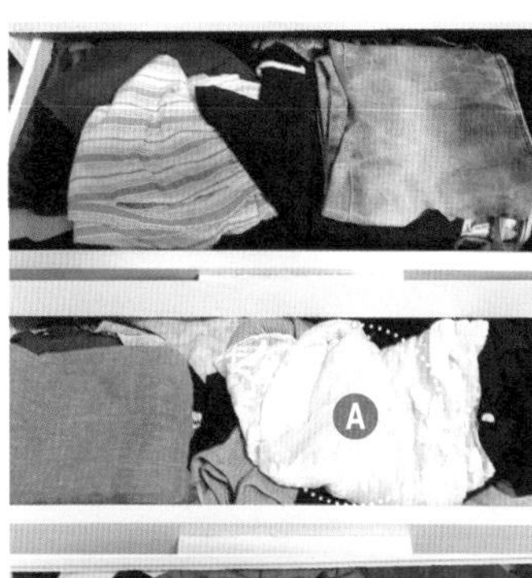

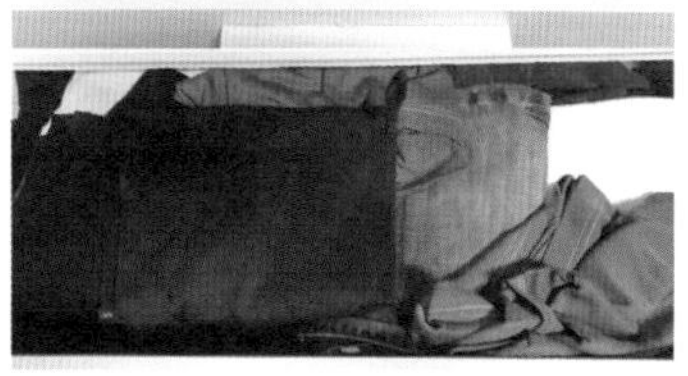

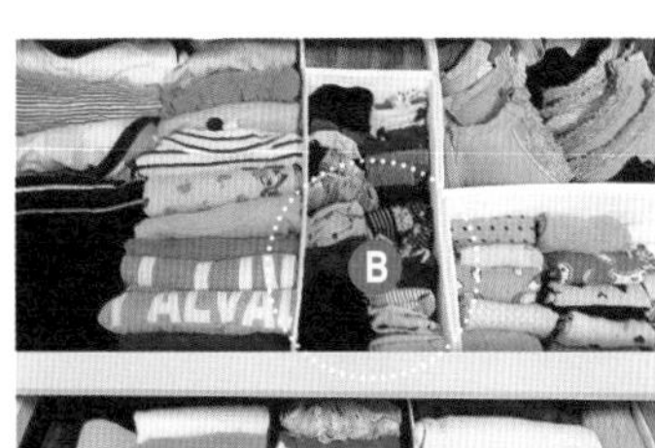

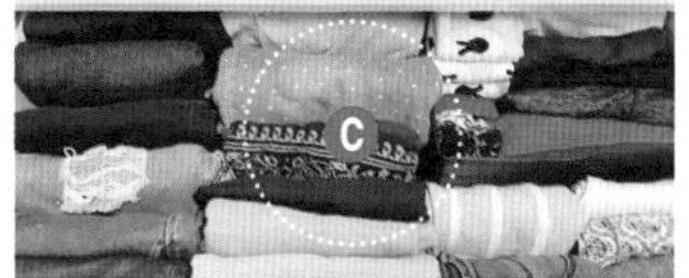

After

Ⓑ 选购合适尺寸的收纳盒做分隔

Ⓒ 使用直立式收纳法摆放衣服，注意衣服的高度不能超过抽屉的高度

＊抽屉高度影响衣服叠法

叠衣服时还需要考虑抽屉的高度，基本上，将上衣对折两次，叠成四层，或是从两侧向里叠，叠成三层，这样叠后的衣服高度都比较适合放入抽屉中。叠衣次数越少，衣服越扁平，抽屉中能收纳的衣服越多。非常浅的抽屉可用来收纳配件，如腰带、领带、丝巾、手套等，但要避免放入太重的物品，以免影响抽屉的开合。

当然，你可以选择层架拼组的衣柜，这样就可以任意增加抽屉数量来进行拼装，还可以在抽屉外贴上标签，以便更快地找到衣服。铁拉篮衣柜普遍有抽屉太浅的问题，又因为空隙太多，软趴趴的衣服容易掉出来。如果选用铁拉篮衣柜，可以通过增加收纳盒来改善这些问题，没有收纳盒时，则尽量将硬挺的衣服摆放其中，如牛仔裤。

利用格子盒将不同的配件分类收纳，既整齐又一目了然

＊挂式收纳

将衣服挂起来是最轻松的收纳方式，但是挂衣服是有技巧的，挂之前要将拉链拉起来，将扣子扣好，以避免衣服受拉扯而变形。比较滑的衣服要用防滑衣架，或用橡皮筋固定，以防滑落。需要说明的是，挂式收纳虽然省事，但是最占空间，我建议大家尽可能将不怕皱的衣服叠起来，将怕皱的衣服挂起来。

下面我来教大家怎样挂毛衣。毛衣挂久了，肩膀处总会突起两个尖角，让人头疼。其实，只要改变挂衣方式，就再也不用担心这个问题了。

1 将毛衣对折

2 如图，将衣架中心点对准腋下位置

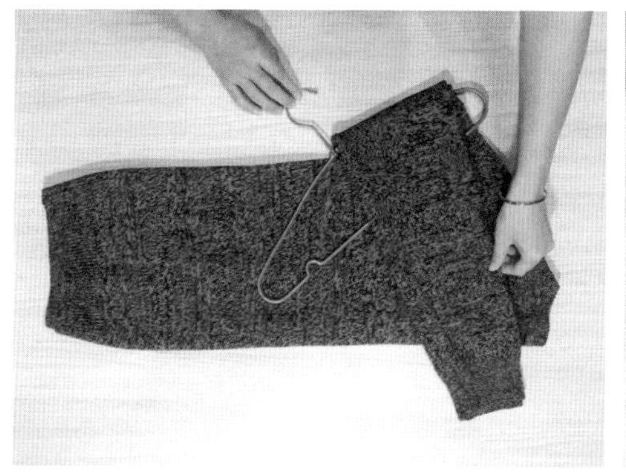

3 将袖子朝衣架叠下去

4 再将下摆朝衣架叠下去

5 将衣架朝同一方向挂到衣柜里

＊口袋叠法

根据衣服的构造，先反折创造一个口袋，再将衣服的其他部分收进这个口袋，这就是口袋叠法。口袋叠法步骤较多，需要多花几秒，但是叠好后衣服不会因搬运等外力而散开，因此多花几秒其实是非常划算的。我建议大家收拾行李时采用口袋叠法。不过需要注意的是，口袋叠法并不适用于所有衣服，容易失去弹性的衣服不适合这种叠法，比如领口有松紧带的衣服。

根据衣服的构造，先反折创造一个口袋，再将衣服的其他部分收进这个口袋

＊一般叠法和口袋叠法的共同点

一般叠法和口袋叠法有一个共同点，就是叠好后不易看到衣服正面的图案，很多人会觉得这样容易找不到衣服。其实，只要是你喜欢的衣服，摸一下材质或是看一眼就可以立刻辨认出来了，不是吗？如果你因为看不到图案就不认识一件衣服了，就说明你的衣服太多了，或是你根本不喜欢这件衣服，是时候把它淘汰了。

✻ 内衣平放不变形

常常有人问我贴身内衣如何收纳。由于大部分内衣的罩杯下缘有钢圈，有的内衣还有一些特殊设计，因此我不建议用折叠的方式收纳内衣。你可以准备一个长方形盒子，先将内衣肩带收入罩杯，再将内衣一件一件地摆进盒子，这样既可以保证罩杯不变形，又节省空间。

出门旅游时，女生最烦恼的也是内衣收纳问题。我建议购买符合内衣平放大小的硬质盒子，然后采用上面的方式收纳。

✻ 善用收纳工具收小物

除了收纳盒和抽屉，我们身边还有许多好用的收纳工具，而且用法很多。比如挂领带的圆圈收纳架也可以用来收纳围巾、毛巾，小物件挂袋也可以用来收纳叠好的小件衣服。不仅如此，它们还可以起到装饰的作用。

透明挂袋可以用来收纳小件衣服、袜子等

背心可以挂在圆圈收纳架上

【特别放送】

衣物叠法合集

1. POLO 衫
2. 短袖上衣
3. 长袖上衣
4. 毛衣
5. 长款上衣
6. 长袖帽衫
7. 衬衫
8. 短裤
9. 热裤
10. 连衣短裤
11. 连衣长裤
12. 长裤
13. 背带裤
14. 不规则长裤
15. 短裙
16. 过膝裙

文中带二维码标志的内容配有视频，请扫码观看。

17. 假两件裙裤

18. 西装外套

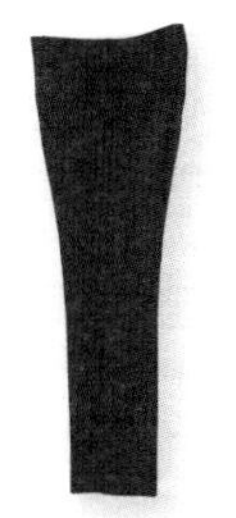

19. 西裤

20. 蝙蝠侠造型服

21. 婴儿连体衣

22. 三角内裤

23. 平角内裤

24. 短袜

25. 打底裤

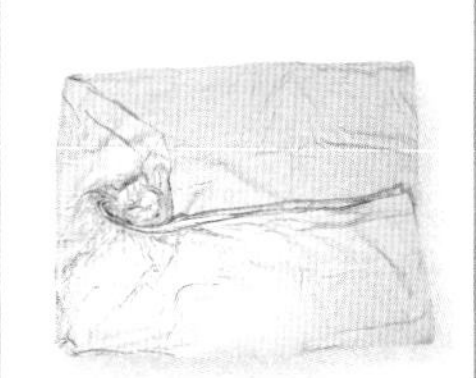

26. 床笠

1. POLO衫

一般叠法

1 将领口的扣子扣上，然后将衣服翻至反面朝上并铺平

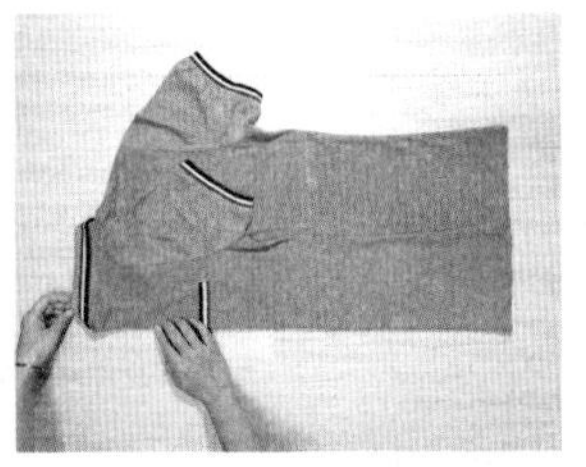

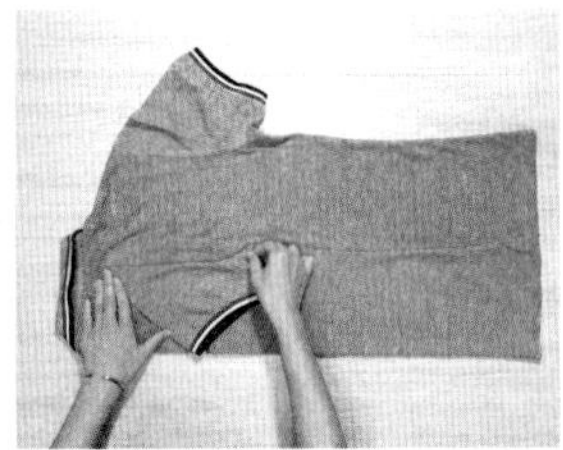

2 以领口最宽处为基准，先往里叠进去大约三分之一，再将袖子反叠

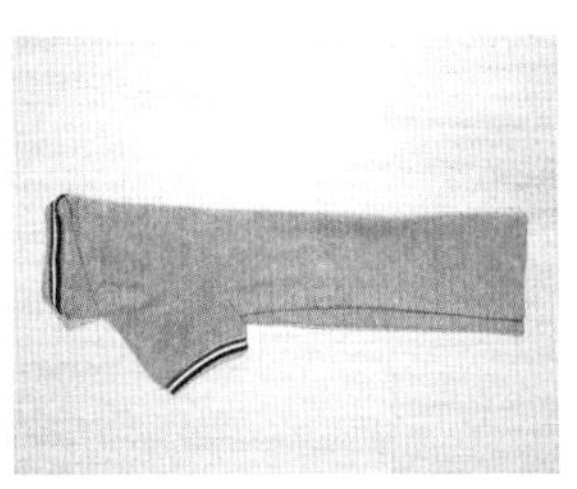

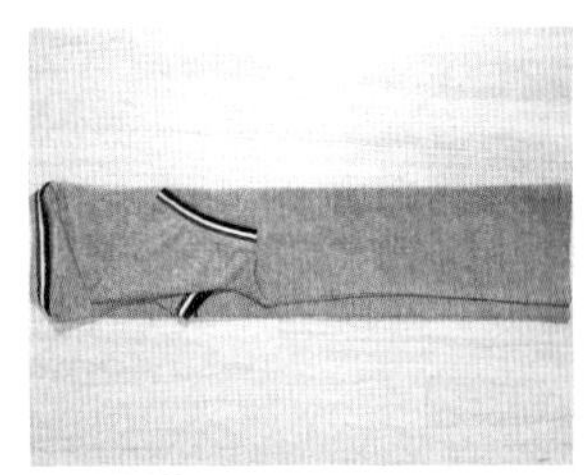

3 另一边叠法相同，使衣服呈长条形

4 将衣服从下向上对折，不要超过领子，之后再次对折，最后将衣服翻至正面朝上，完成

口袋叠法

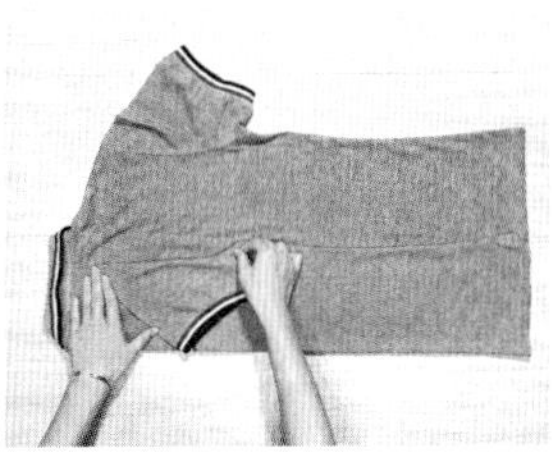
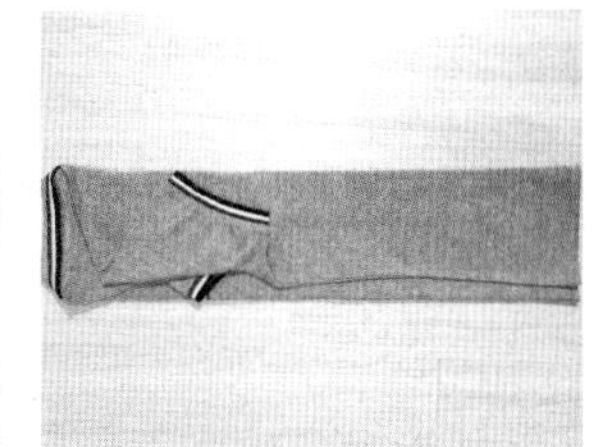

1 先按照一般叠法将衣服叠成长条形

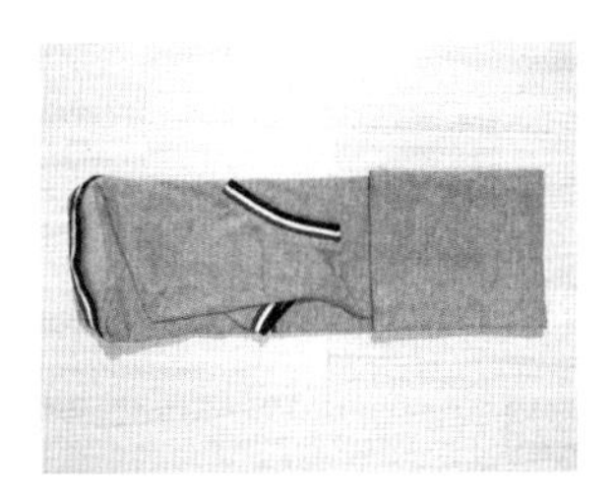
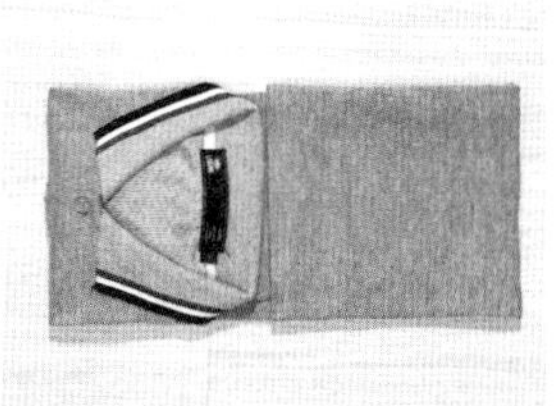

2 将衣服下面三分之一处向上叠，再将领子从上向下叠

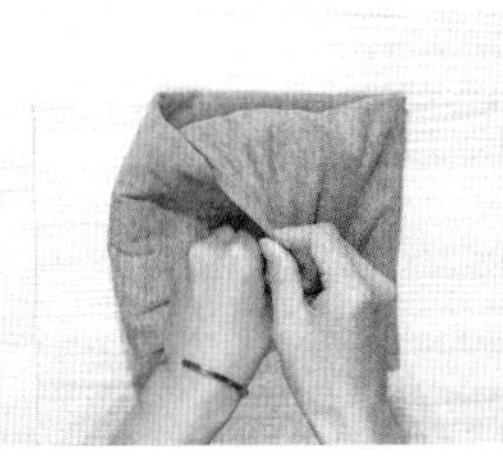

3 撑开衣服下摆形成口袋，将其余部分收入口袋，最后将衣服翻至正面朝上，完成

2. 短袖上衣

一般叠法

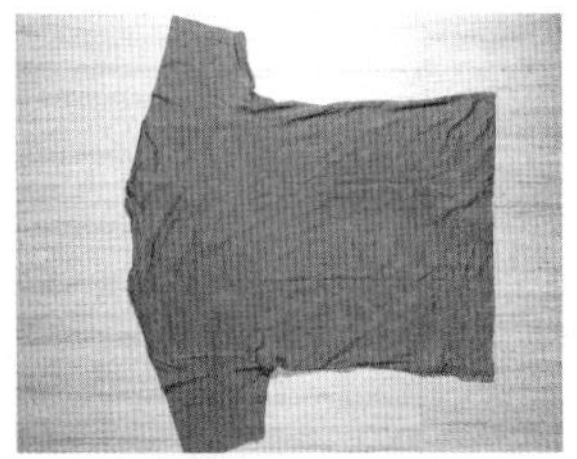

1 将衣服翻至反面朝上并铺平

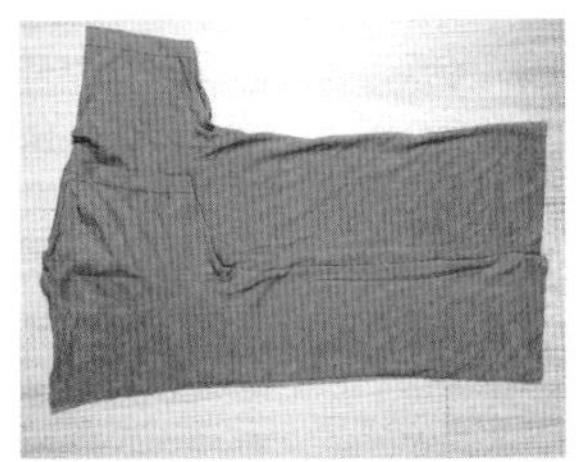

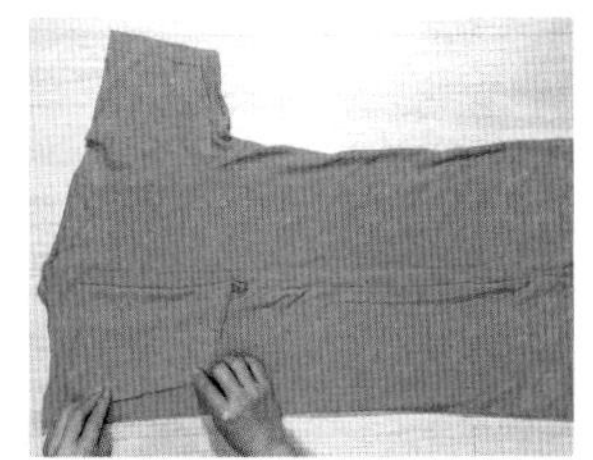

2 以领口最宽处为基准，先往里叠进去三分之一，再将袖子反叠

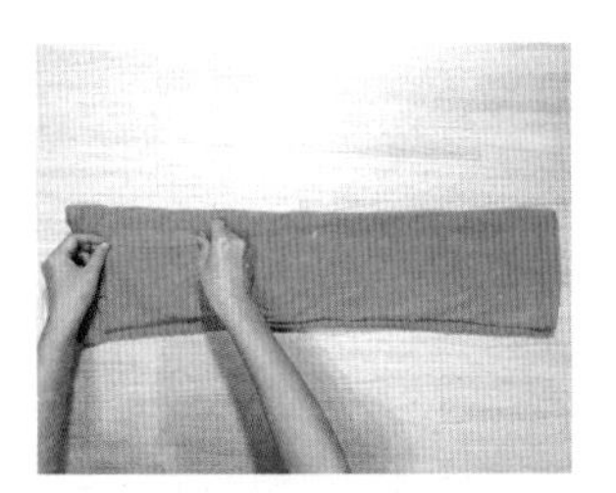

3 另一边叠法相同，使衣服呈长条形

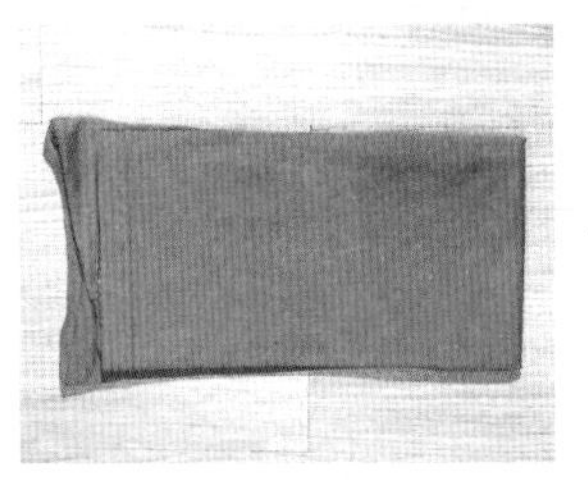

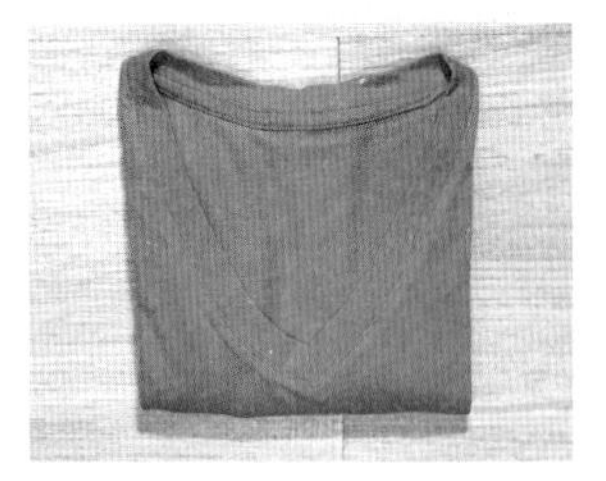

4 将衣服从下向上对折两次，如果衣柜较深，可先将衣服下面三分之一向上叠，然后对折，最后将衣服翻至正面朝上，完成

口袋叠法

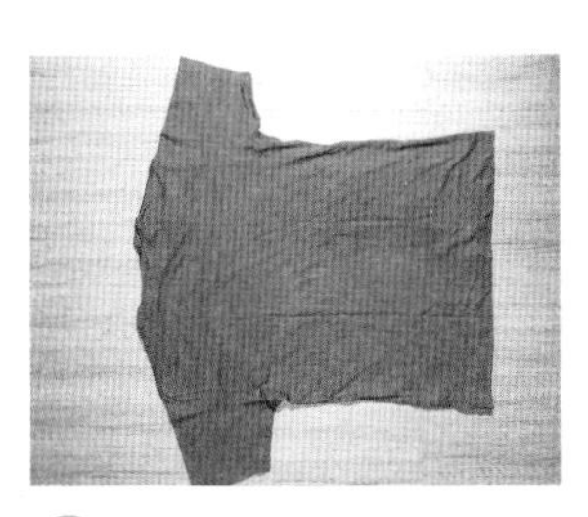

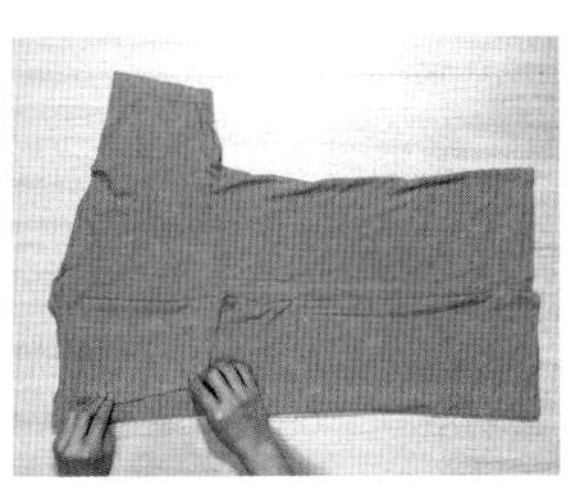

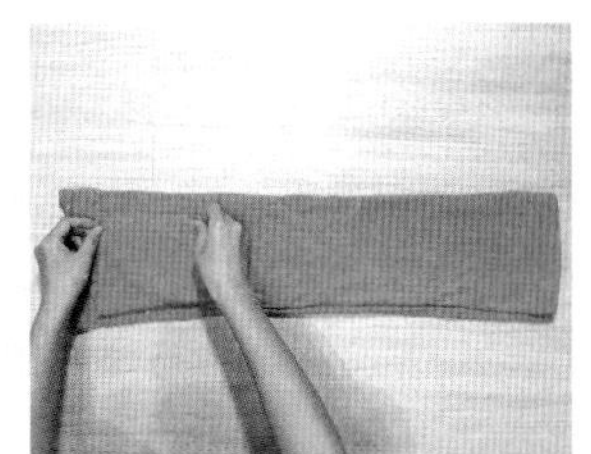

1 先按照一般叠法将衣服叠成长条形

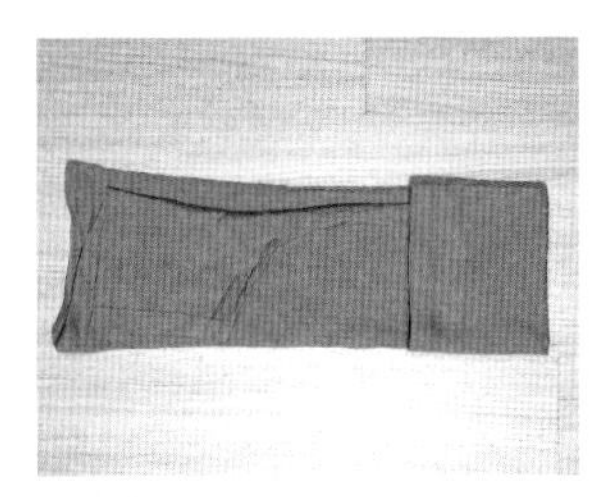

2 将衣服下面三分之一向上叠

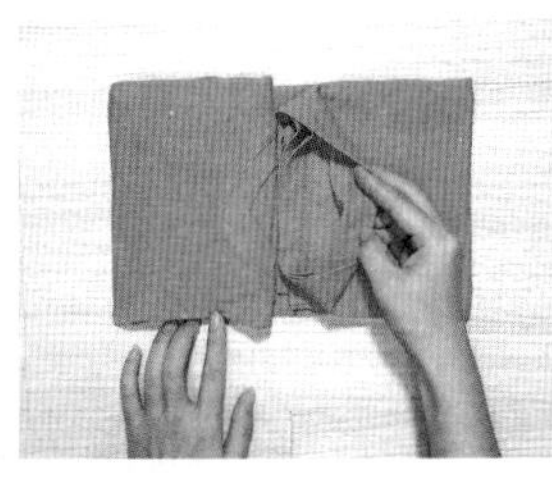

3 先将领子从上向下叠，然后撑开衣服下摆形成口袋，将其余部分收入口袋，最后将衣服翻至正面朝上，完成

3. 长袖上衣

一般叠法

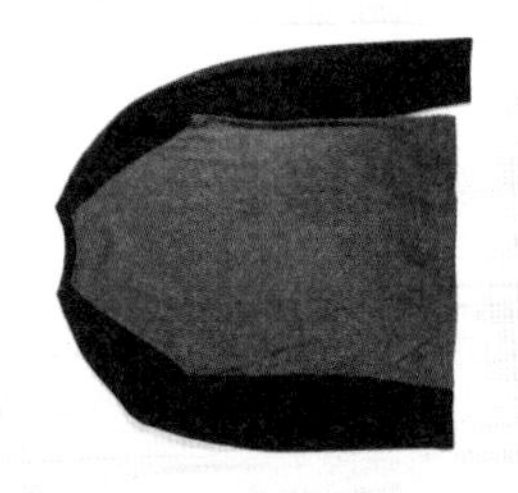

❶ 将衣服翻至反面朝上并铺平

❷ 以领口最宽处为基准，先往里叠进去大约三分之一，再将袖子反叠

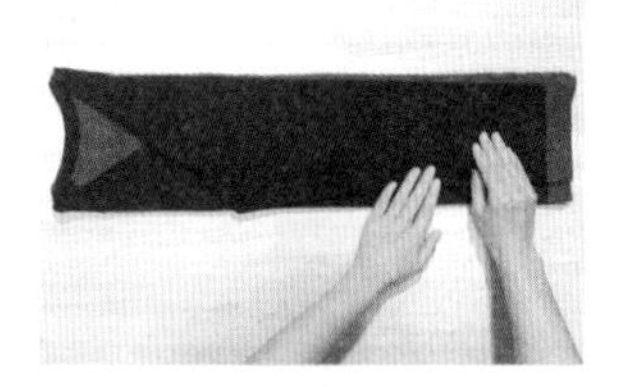

❸ 另一边叠法相同，使衣服呈长条形

❹ 将衣服从下向上对折，不要超过领子，之后再次对折，最后将衣服翻至正面朝上，完成

口袋叠法

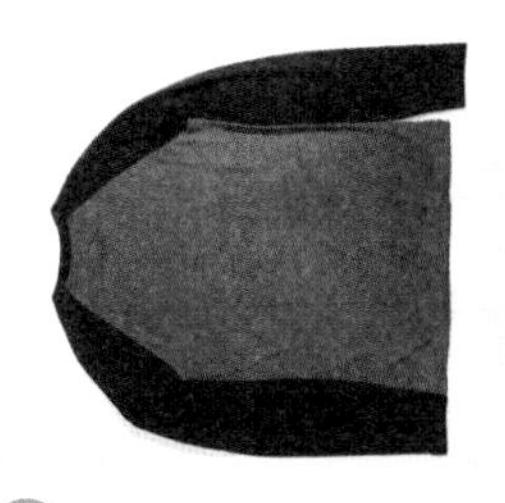

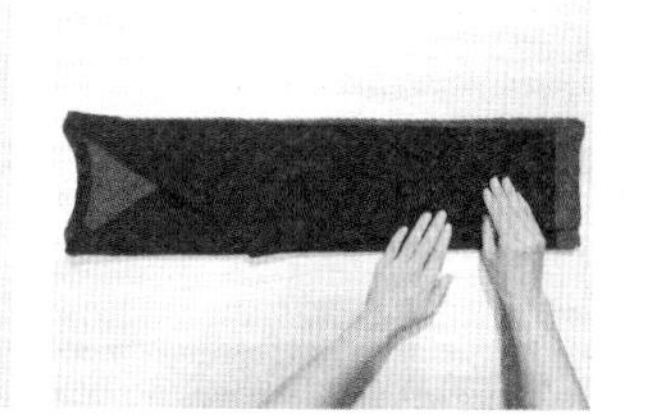

❶ 先按照一般叠法将衣服叠成长条形

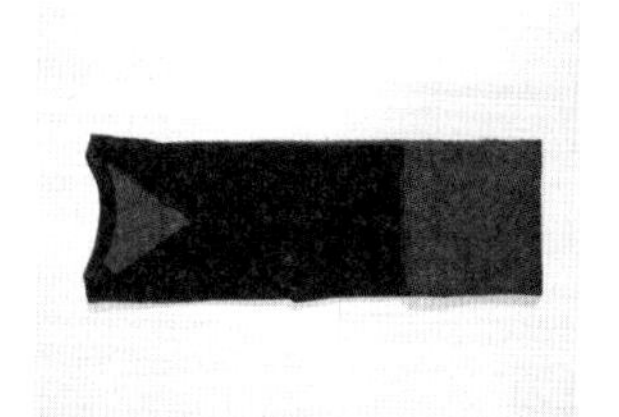
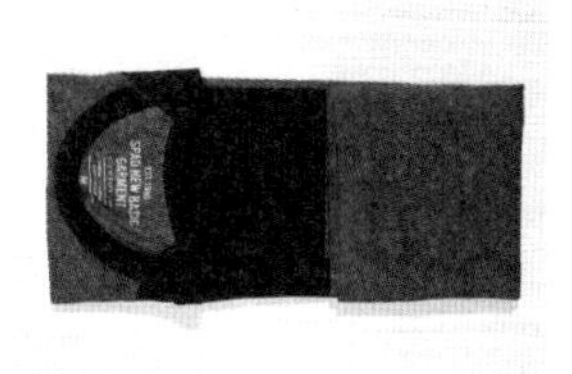

❷ 将衣服下面三分之一向上叠，再将领子从上向下叠

❸ 撑开衣服下摆形成口袋，将其余部分收入口袋，最后将衣服翻至正面朝上，完成

4. 毛衣

一般叠法

❶ 将衣服翻至反面朝上并铺平

❷ 以领口最宽处为基准，先往里叠进去大约三分之一，再将袖子反叠

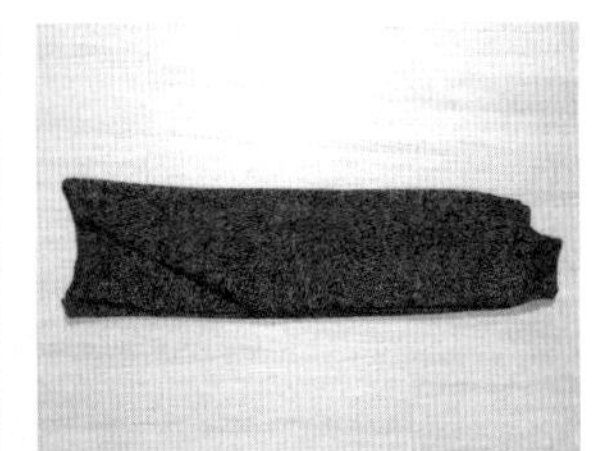

❸ 另一边叠法相同，使衣服呈长条形

❹ 先将衣服下面三分之一向上叠，然后对折，不要超过领子，最后将衣服翻至正面朝上，完成

5. 长款上衣

一般叠法

1 将衣服翻至反面朝上并铺平

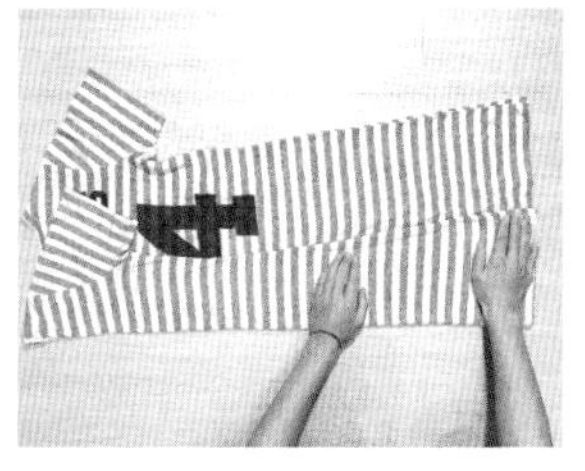

2 以领口最宽处为基准，先往里叠进去大约三分之一，再将袖子反叠

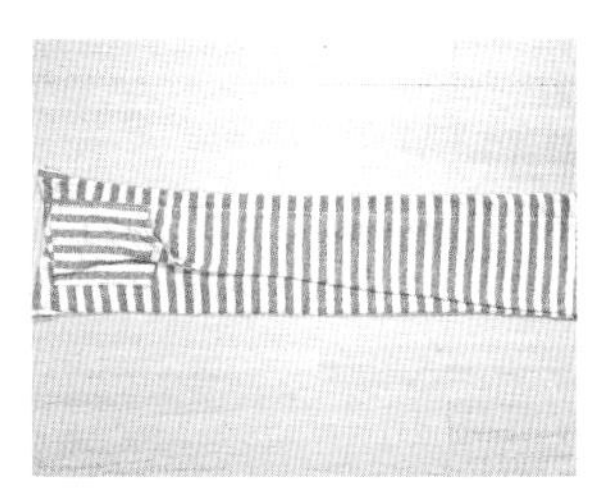

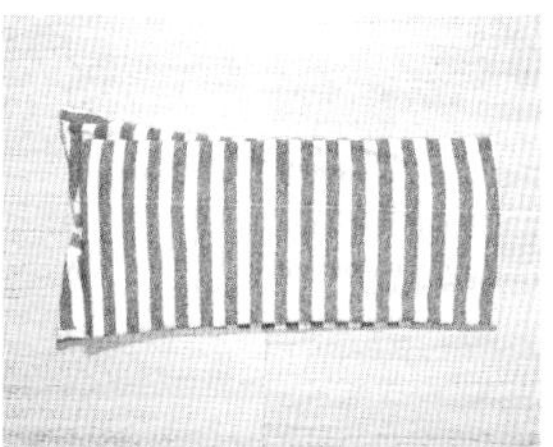

3 另一边叠法相同，使衣服呈长条形，然后将衣服对折，不要超过领子

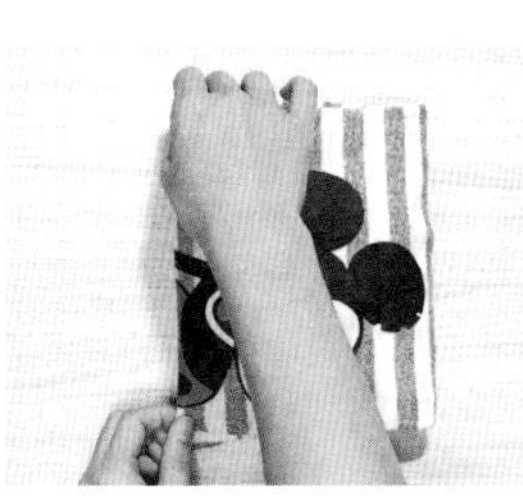

4 先将衣服下面三分之一向上叠，然后对折，最后将衣服翻至正面朝上，完成

口袋叠法

❶ 先按照一般叠法将衣服叠成长条形

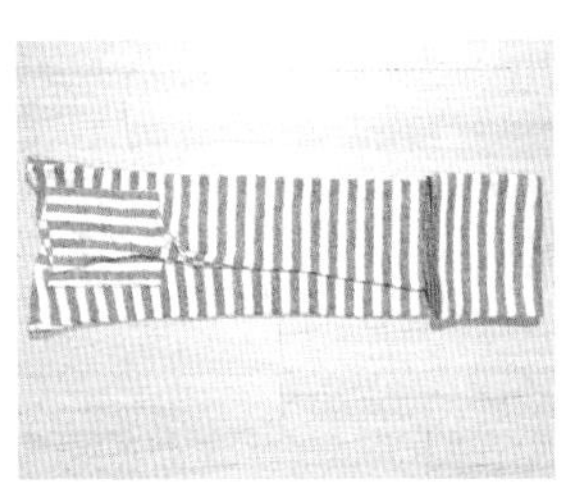
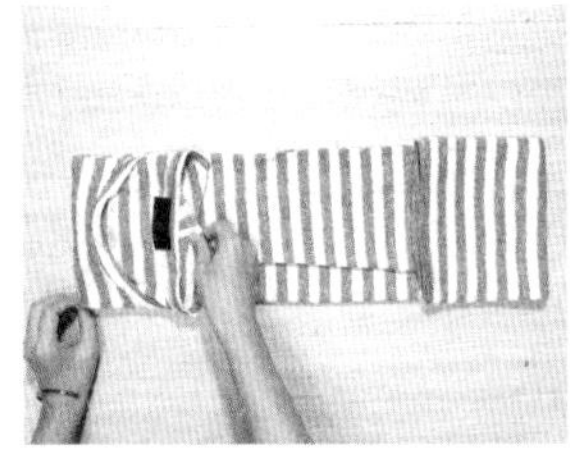

❷ 先将衣服下面四分之一向上叠，再将衣服从上向下多叠几次，边叠边调整大小，保证小于向上叠的部分

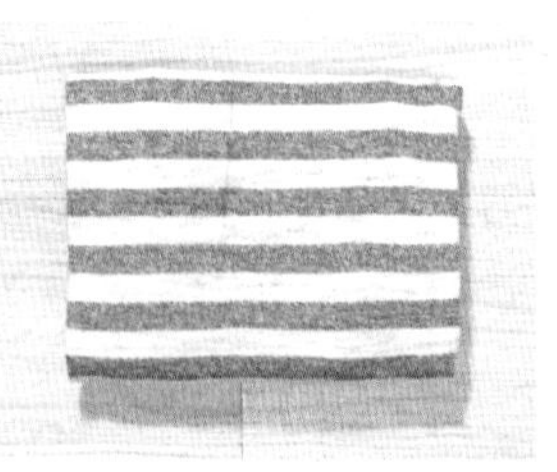

❸ 撑开衣服下摆形成口袋，将其余部分收入口袋，最后将衣服翻至正面朝上，完成

6. 长袖帽衫

一般叠法

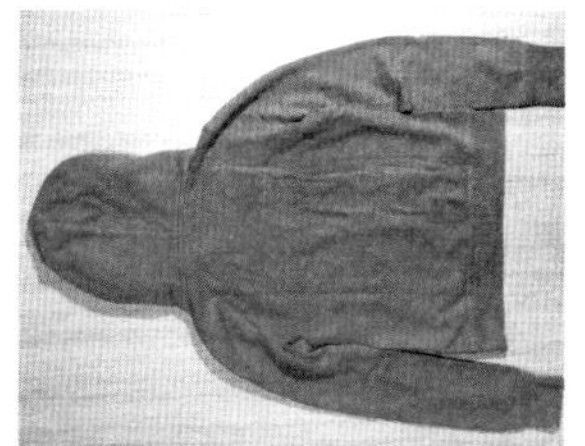

① 将衣服翻至反面朝上并铺平

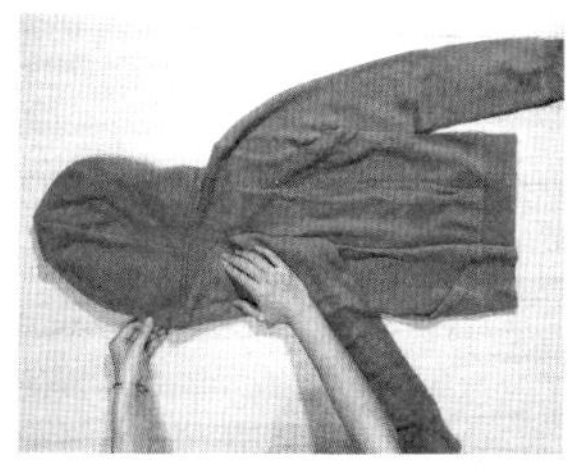

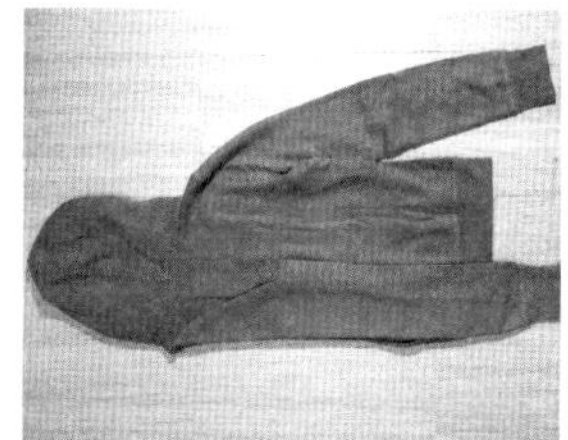

② 以帽子最宽处为基准，先往里叠进去大约三分之一，再将袖子反叠

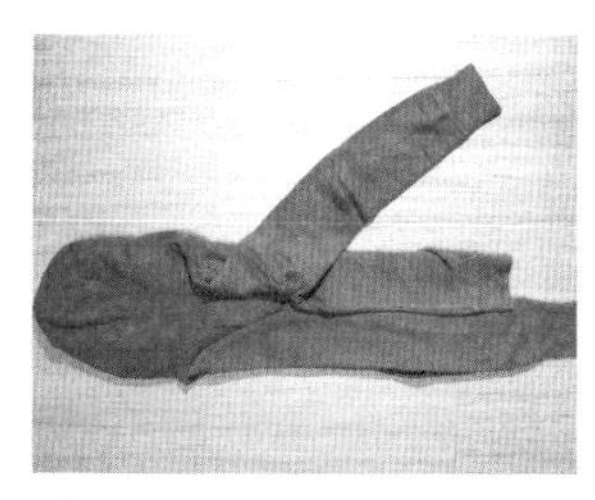

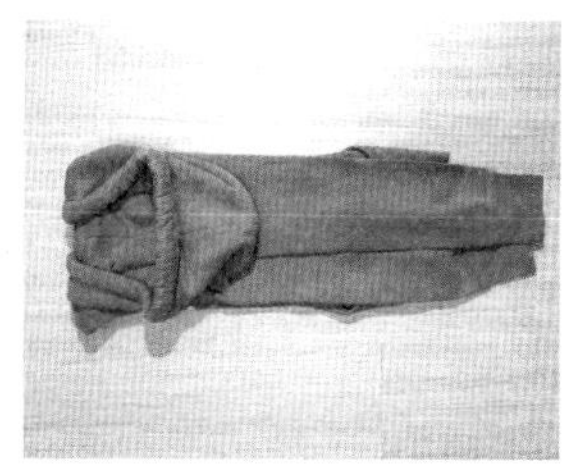

③ 另一边叠法相同，使衣服呈长条形，然后将帽子叠过来

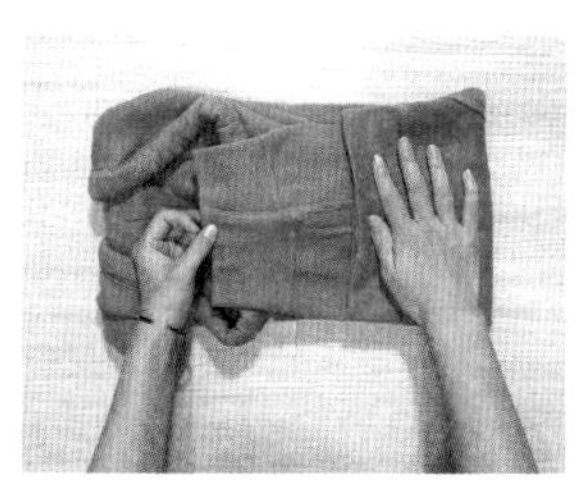

④ 先将衣服下面三分之一向上叠，然后对折，最后将衣服翻至正面朝上，完成

长袖帽衫

口袋叠法

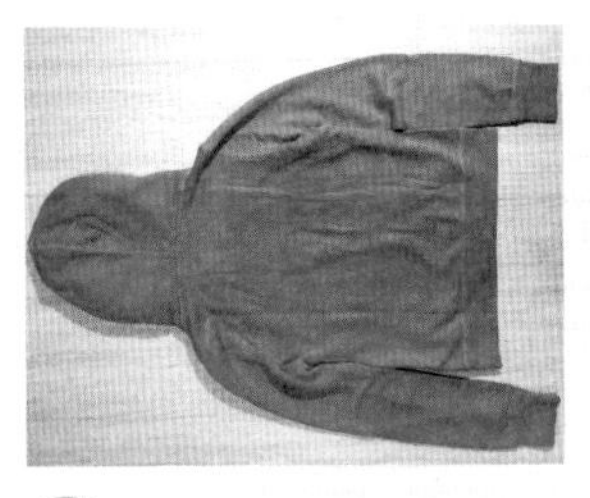
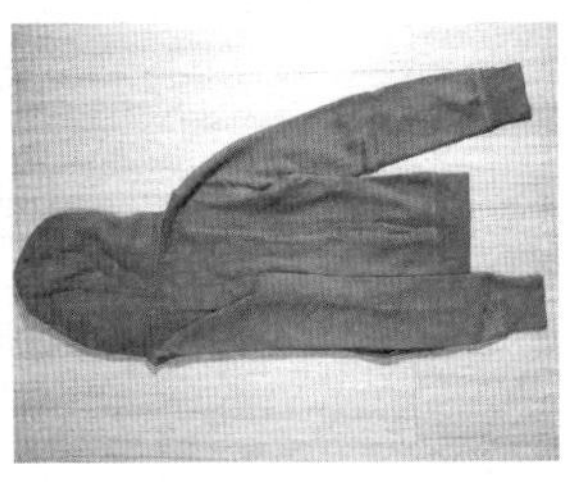
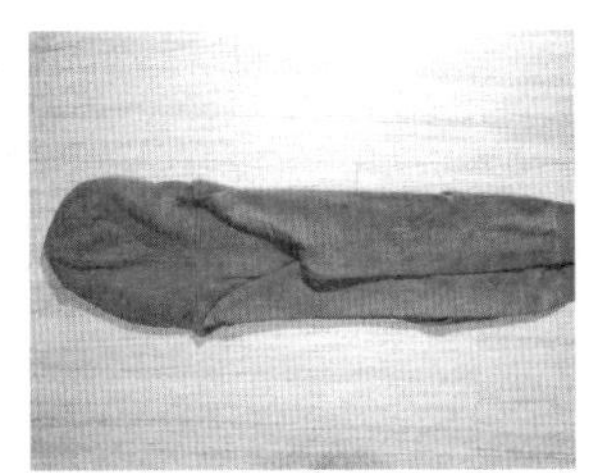

1 先按照一般叠法将衣服叠成长条形

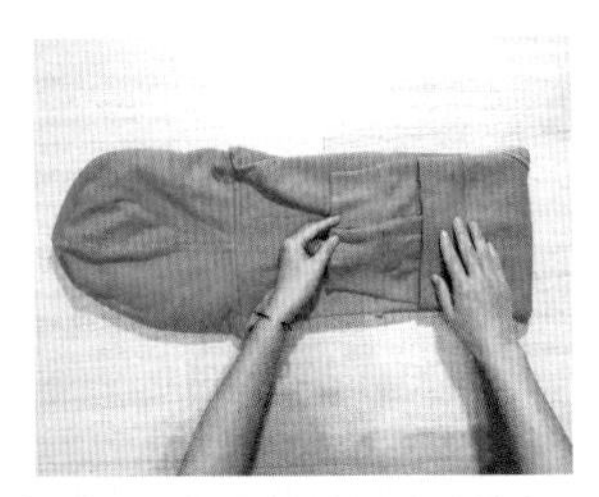
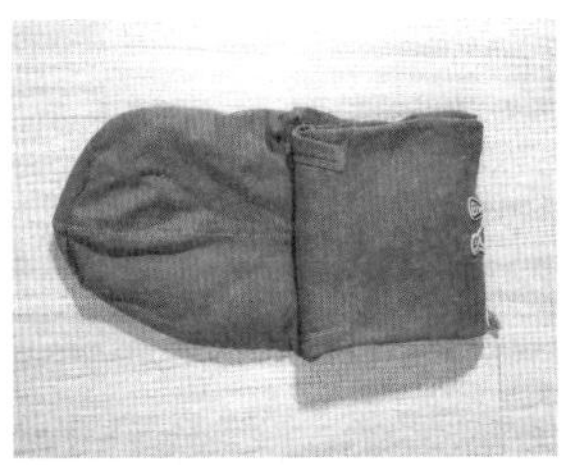

2 先将衣服下面三分之一向上叠，再向上叠至帽子下缘，之后将帽子叠过来

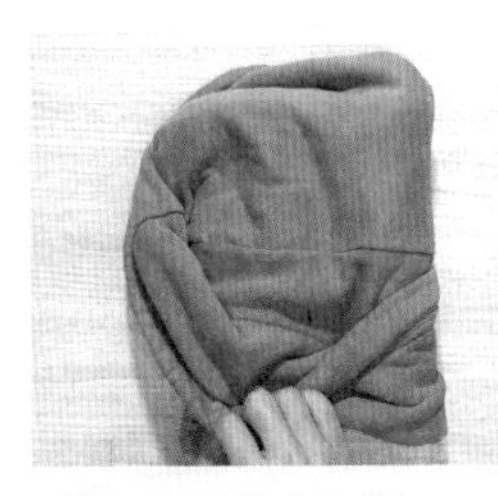

3 用帽子做口袋，包住其余部分，最后将衣服翻至正面朝上，完成

7. 衬 衫

一般叠法

1 先将所有扣子扣好，然后将衣服翻至反面朝上并铺平

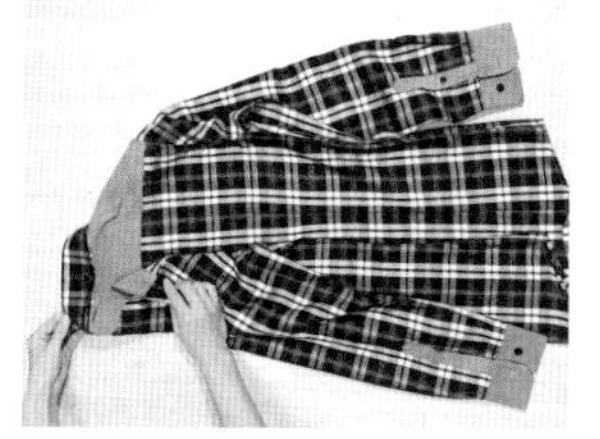

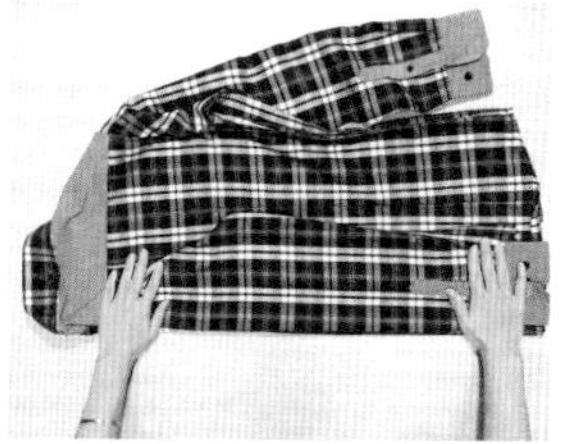

2 以领口最宽处为基准，先往里叠进去大约三分之一，再将袖子反叠

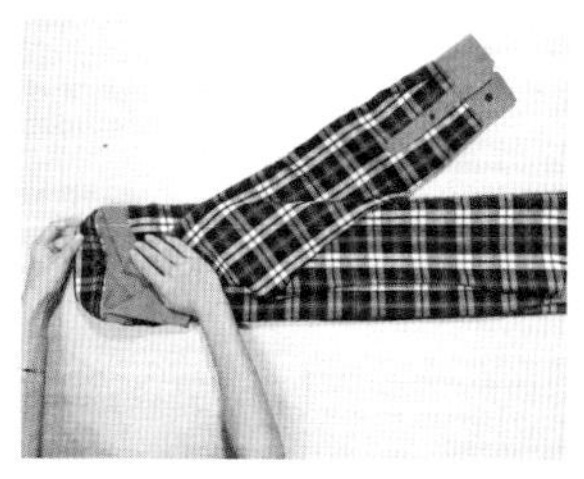

3 另一边叠法相同，使衣服呈长条形

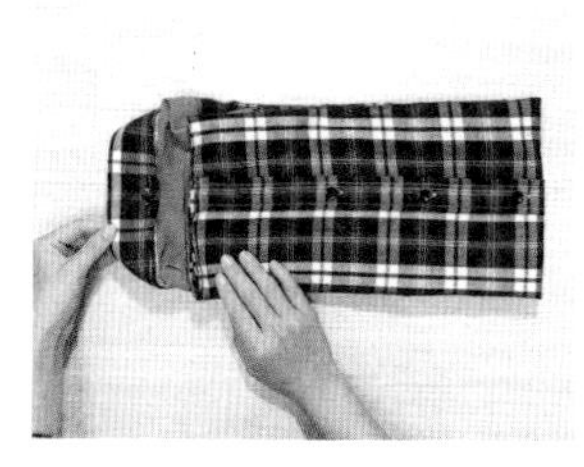

4 将衣服从下向上对折两次，不要超过领子，最后将衣服翻至正面朝上，完成

8. 短 裤

口袋叠法

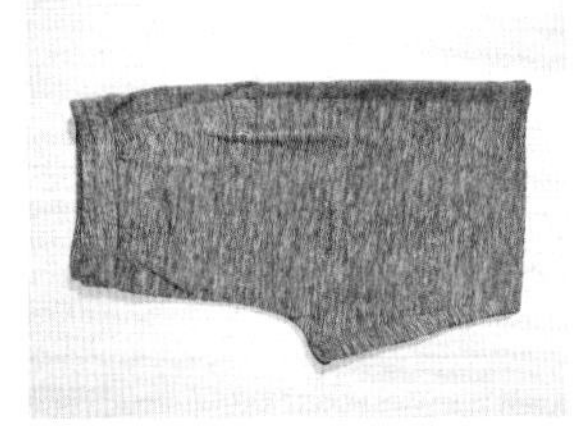

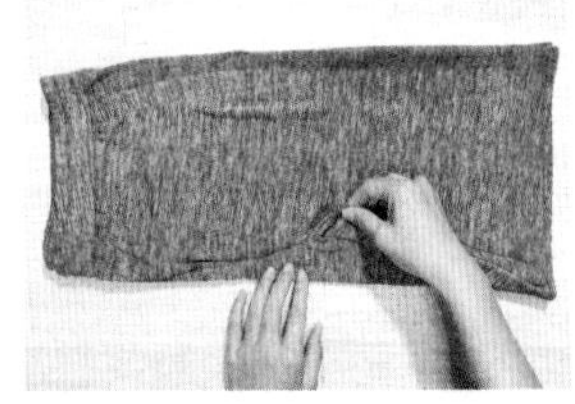

1 先将短裤铺平后对折，再将多出来的裆部往里叠，使裤子呈长条形

2 先将裤腰向下叠大约三分之一裤长，形成口袋，再把其余部分收入口袋，完成

9. 热 裤

一般叠法

1 先将裤子正面朝上并铺平，然后将一边往里叠，大约叠进三分之一，另一边叠法相同，之后将裤子翻至反面朝上

2 将裤子对折，完成

10. 连衣短裤

口袋叠法

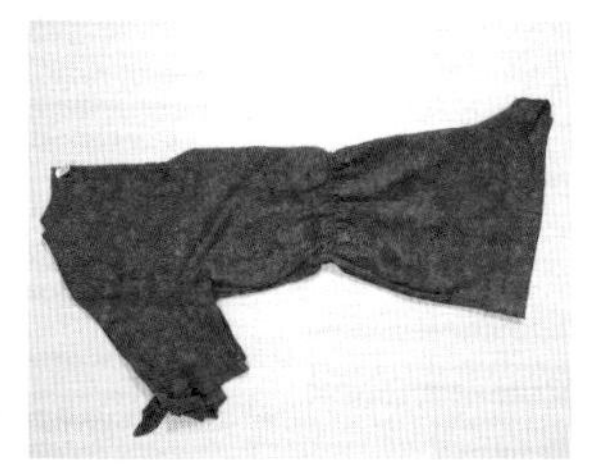

1 将衣服翻至反面朝上并铺平，然后对折

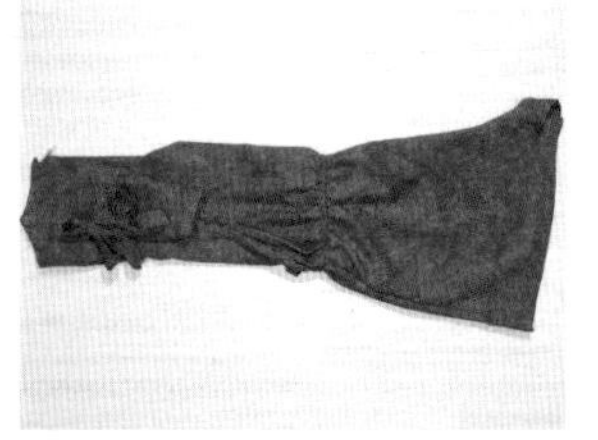

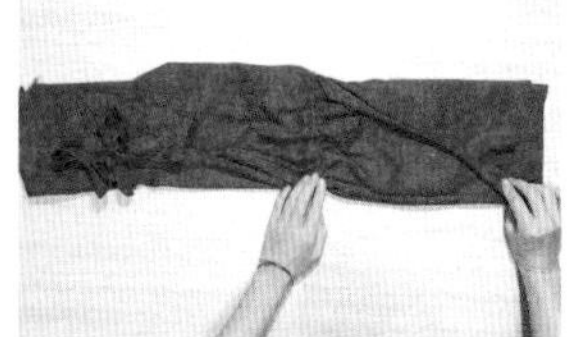

2 先将袖子反叠，再将多出来的裆部往里叠，使衣服呈长条形

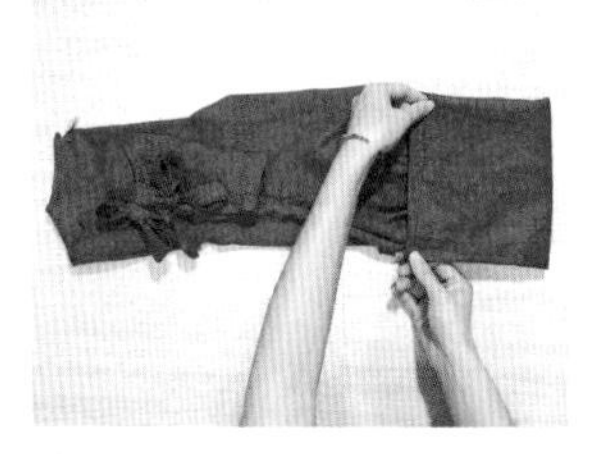

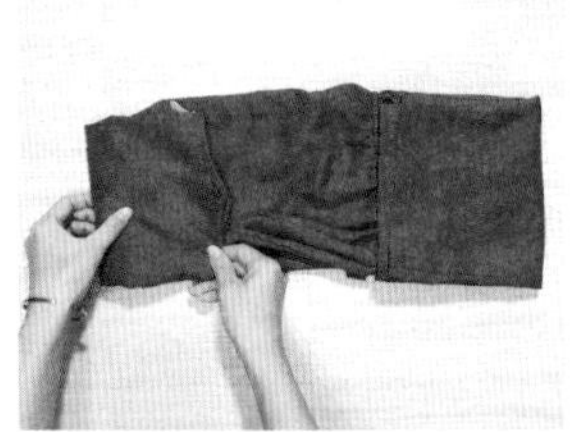

3 先将裤子部分从下向上叠至腰线处，形成口袋，再将衣服部分从上向下叠几次，边叠边调整大小，保证小于口袋

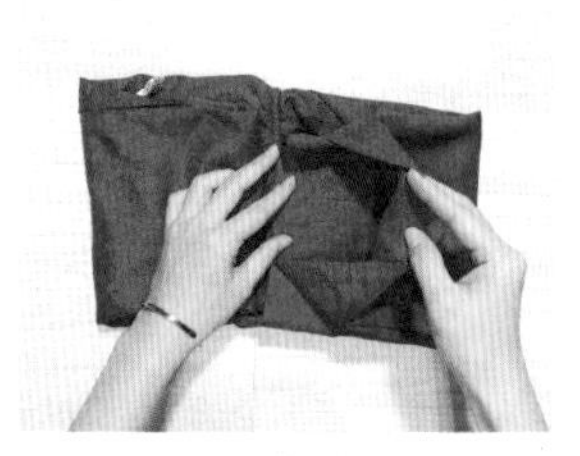

4 撑开口袋，把其余部分收入口袋，最后将衣服翻至正面朝上，完成

11. 连衣长裤

口袋叠法

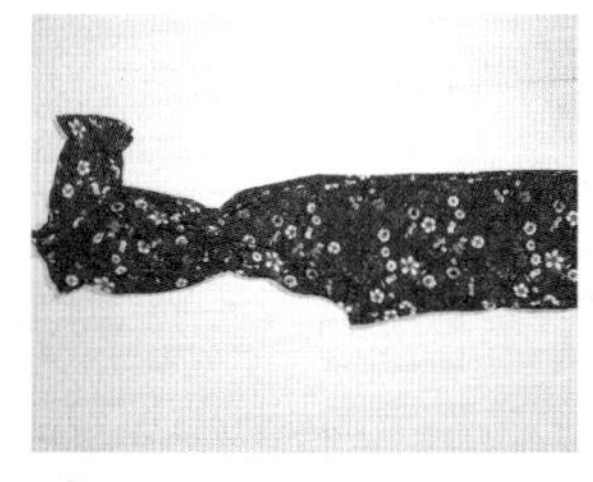

1 先将衣服翻至反面向上并铺平，然后对折，之后将裤子部分从下向上对折，再将袖子反叠，使衣服呈长条形

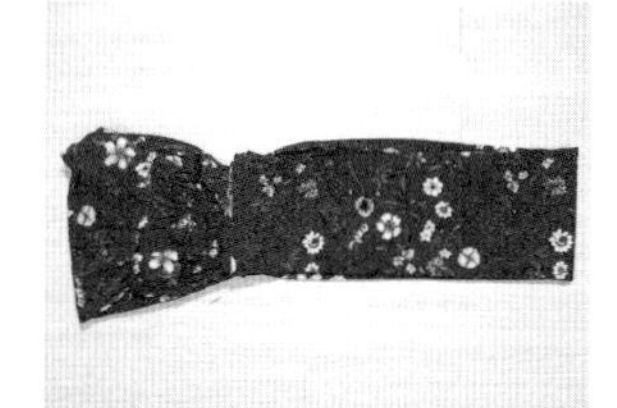

2 先将衣服部分从上向下叠至腰线处，形成口袋，再将裤子部分从下向上叠几次，边叠边调整大小，保证小于口袋

3 撑开口袋，把其余部分收入口袋，最后将衣服翻至正面朝上，完成

12. 长 裤

一般叠法

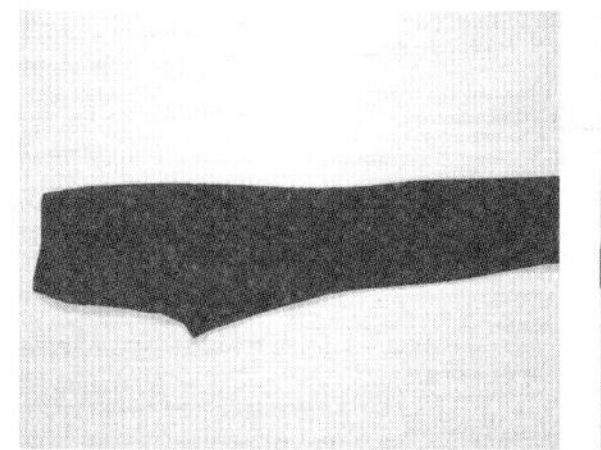

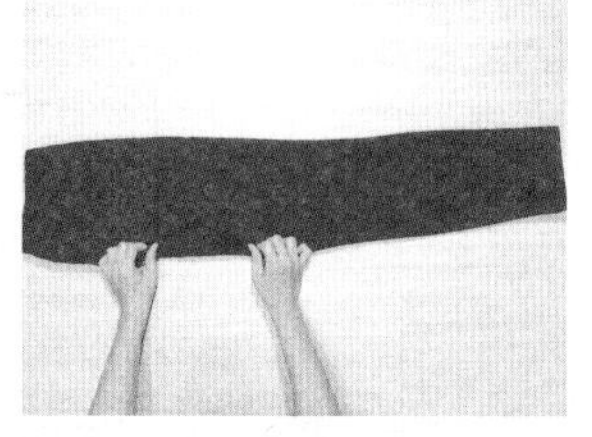

1 先将裤子铺平后对折，再将多出来的裆部往里叠，使裤子呈长条形

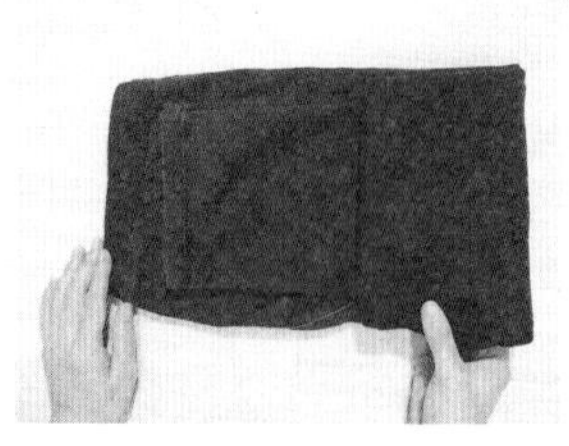

2 将裤子对折，接着根据衣柜的深度再次对折或叠成三层，最后将裤子翻至正面朝上，完成

口袋叠法

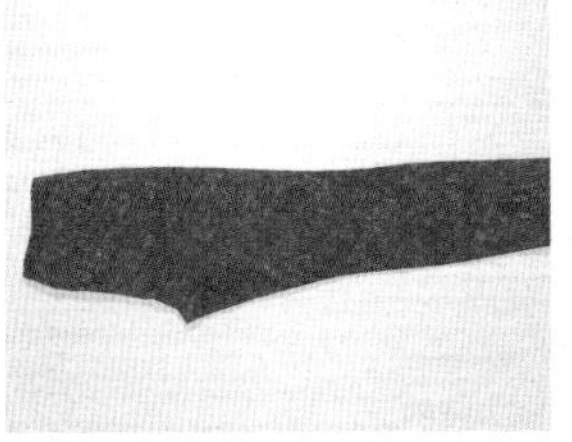
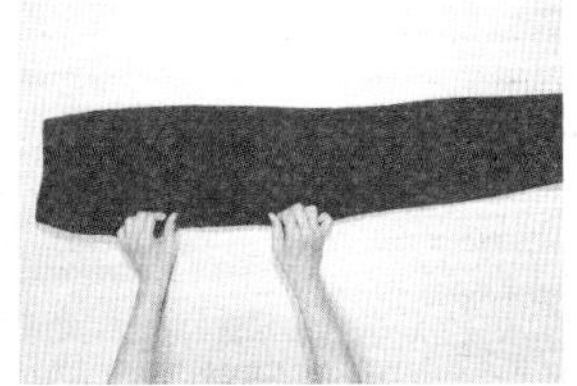

1 先将裤子铺平后对折，再将多出来的裆部往里叠，使裤子呈长条形

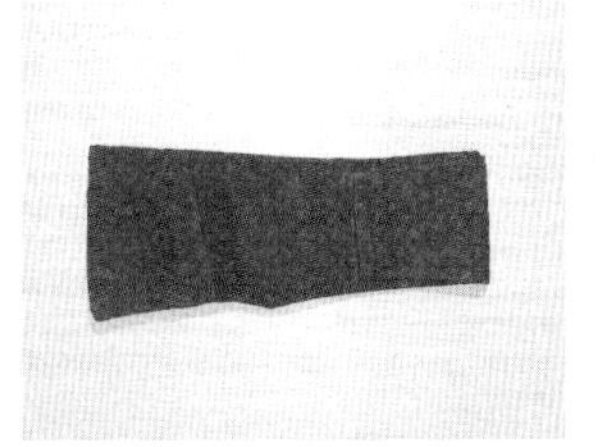

2 根据抽屉深度，先将腰部从上往下叠，形成口袋，再将裤子从下往上叠几次，边叠边调整大小，保证小于口袋

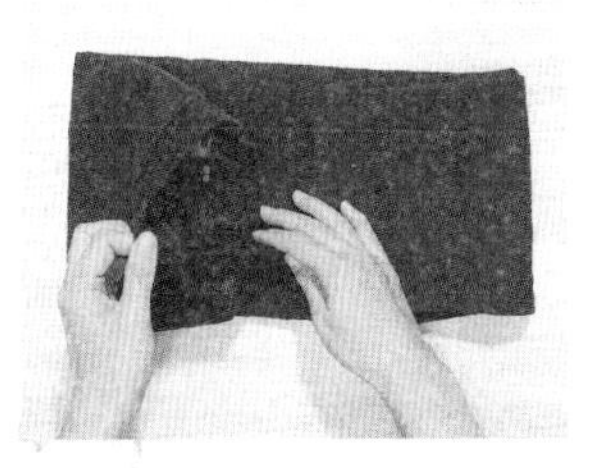

3 将其余部分收入口袋，完成

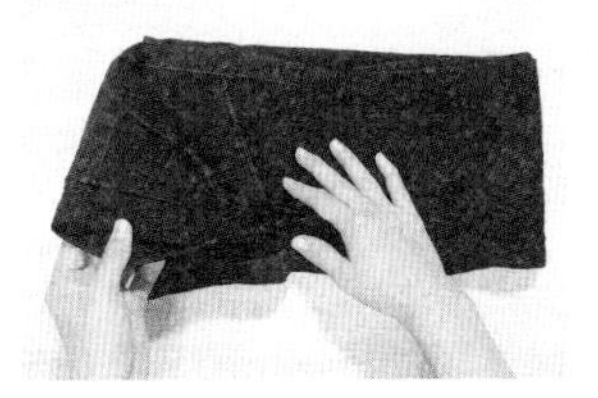

注意：
若怕影响裤腰弹性，可以将裤子其余部分收进如图所示的两层口袋之间

13. 背带裤

一般叠法

1 将背带部分塞进裤子里，让背带裤看起来像一般长裤

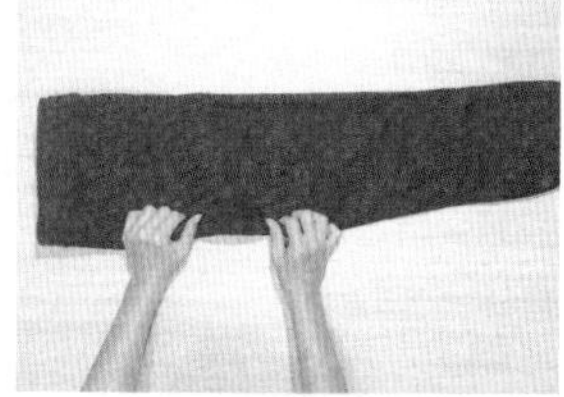

2 先将裤子对折，再将多出来的裆部往里叠，使裤子呈长条形，最后从下向上对折两次，完成

口袋叠法

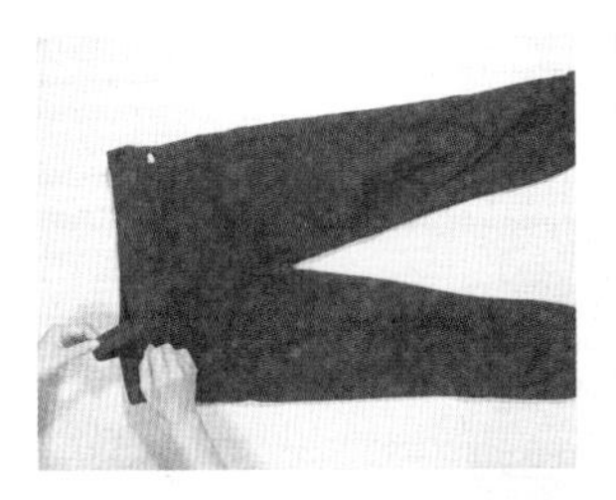

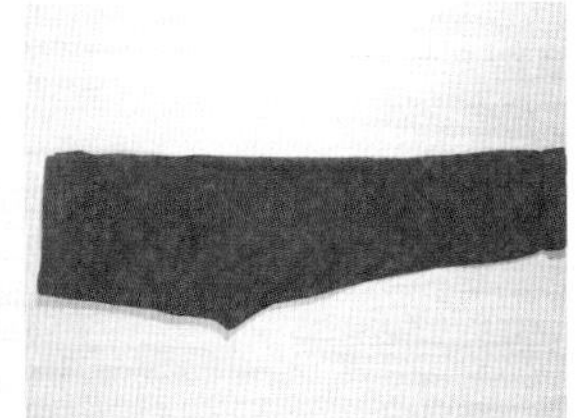
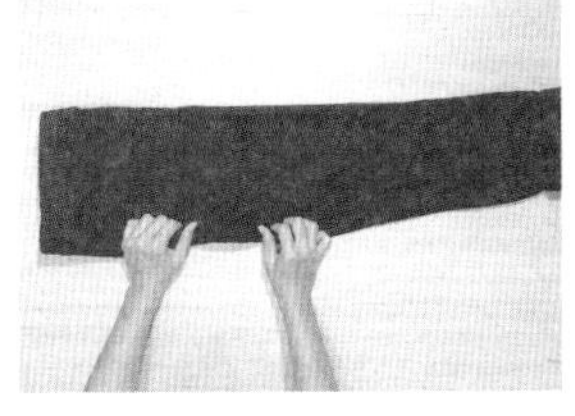

1 先按照一般叠法将裤子叠成长条形

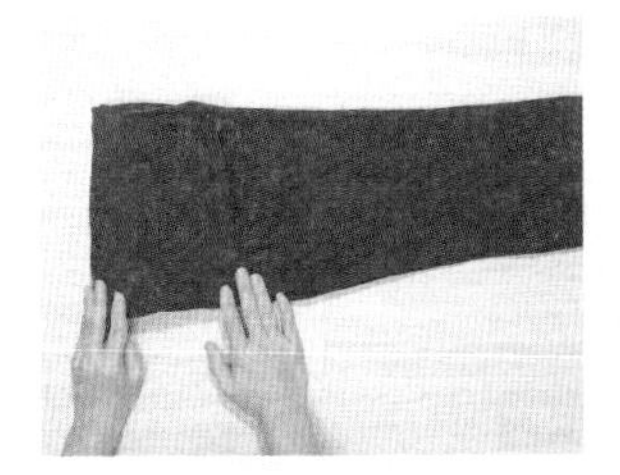
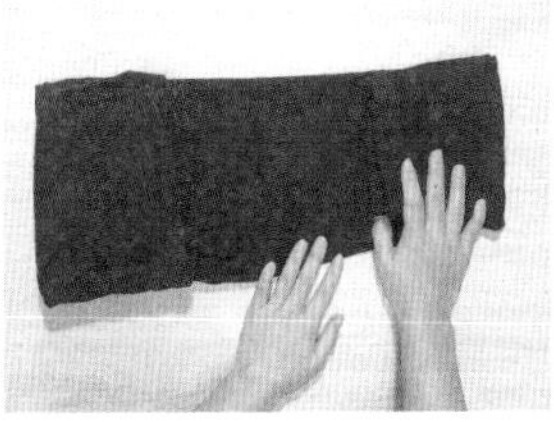

2 根据抽屉深度，先将裤腰从上向下叠，形成口袋，再将裤筒部分从下向上叠几次，边叠边调整大小，保证小于口袋

3 将其余部分收入口袋，完成

14. 不规则长裤

一般叠法

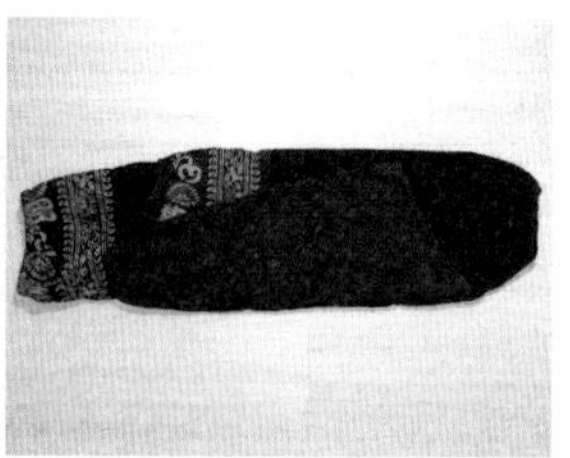

1 将裤子铺平，对折，然后将多出来的裆部及不规则部分往里叠，使裤子呈长条形

2 对折两次，完成

不规则长裤

口袋叠法

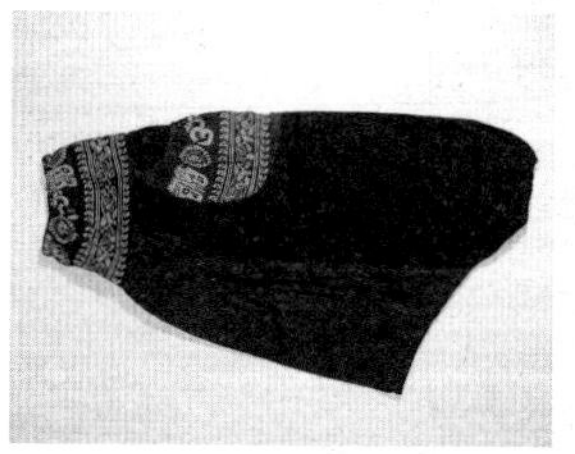

① 将裤子铺平，对折，然后将多出来的裆部及不规则部分往里叠，使裤子呈长条形

② 先将裤腰部分从上向下叠过来大约三分之一，形成口袋，再将裤筒部分从下往上叠

③ 将其余部分收入口袋，完成

15. 短 裙

一般叠法

❶ 将裙子打开并铺平，然后对折

❷ 以腰部最宽处为基准，将多出来的部分往里叠，使裙子呈长条形

❸ 先将腰部从上向下叠下来大约三分之一，再对折，完成

16. 过膝裙

一般叠法

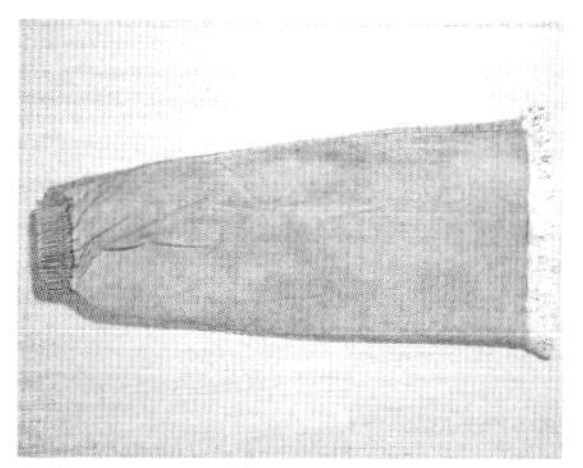

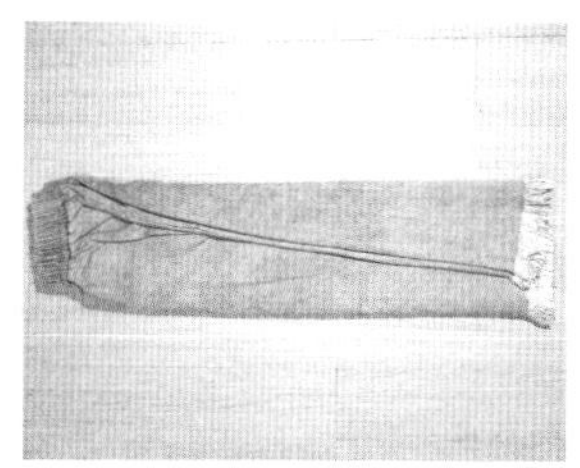

1 将裙子打开后铺平，然后对折，之后以腰部最宽处为基准，将多出来的部分往里叠，使裙子呈长条形

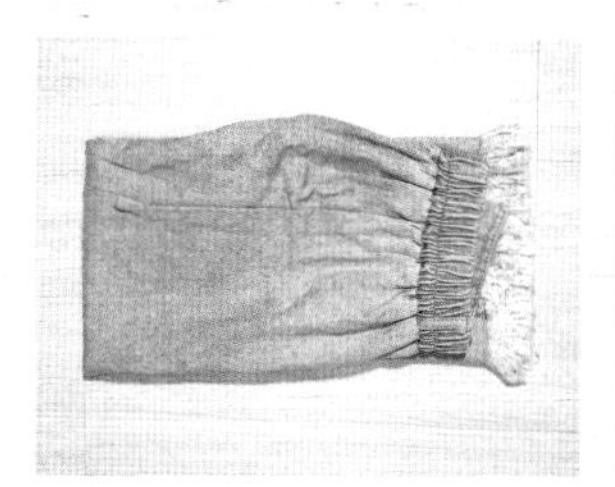

2 对折两次，完成

17. 假两件裙裤

口袋叠法

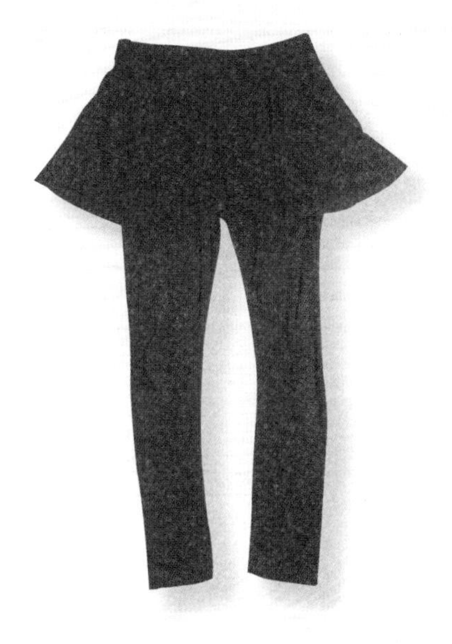

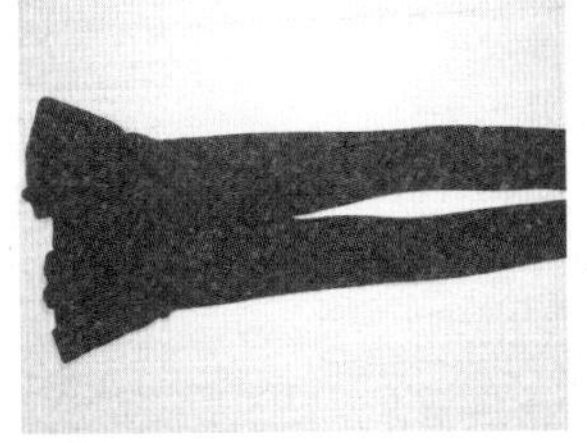

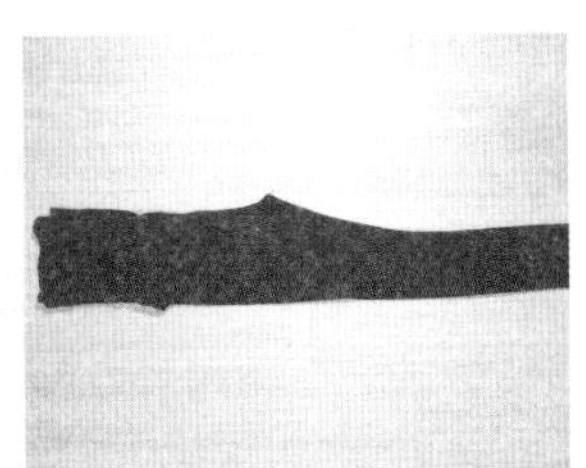

1 先将裙子部分向上反叠，然后将裙裤铺平，之后对折

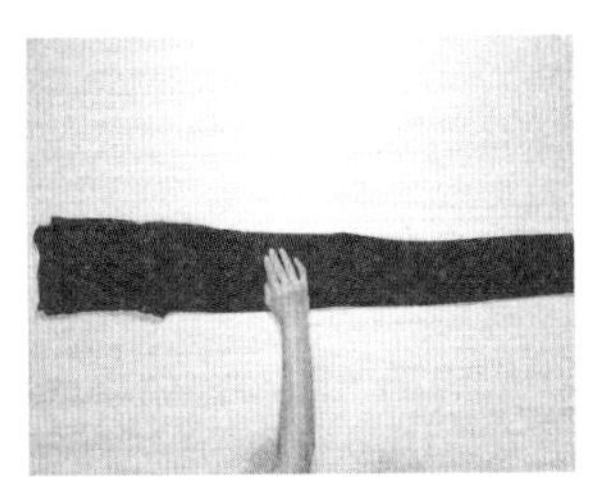

2 以腰部最宽处为基准，将多出来的部分往里叠，使裙裤呈长条形

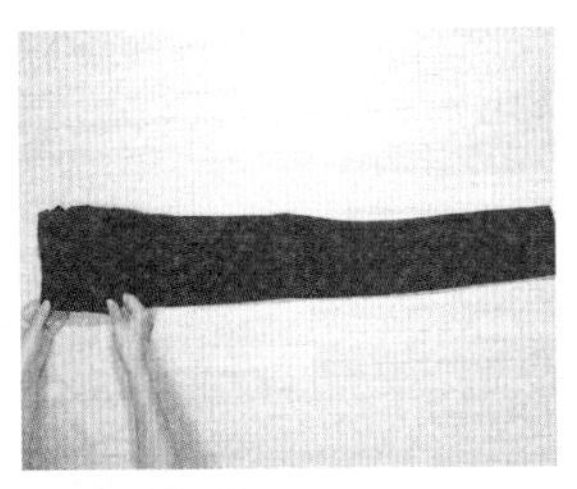

3 先将裙子部分从上向下叠，形成口袋，再将裤子部分从下向上多叠几次，叠至裙子下缘，边叠边调整大小，保证小于口袋

4 将其余部分收入口袋，完成

18. 西装外套

一般叠法

❶ 先将所有扣子扣好，再将外套翻至反面朝上并铺平

❷ 以领子与垫肩之间的位置为基准，往里叠，再将袖子反叠

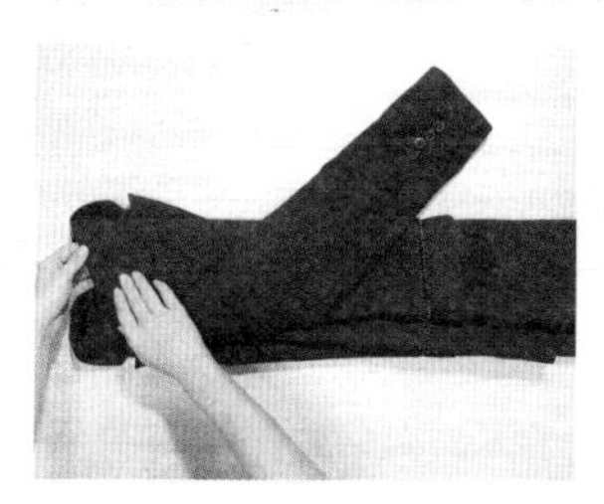

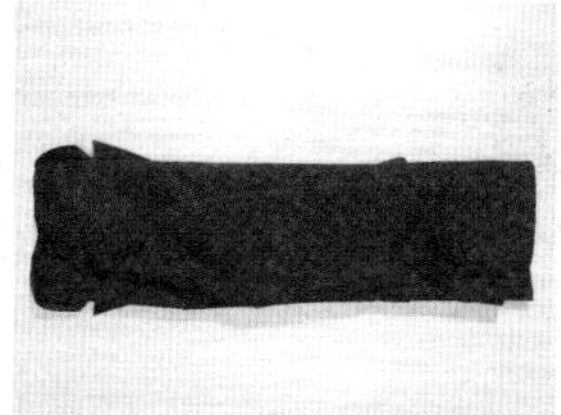

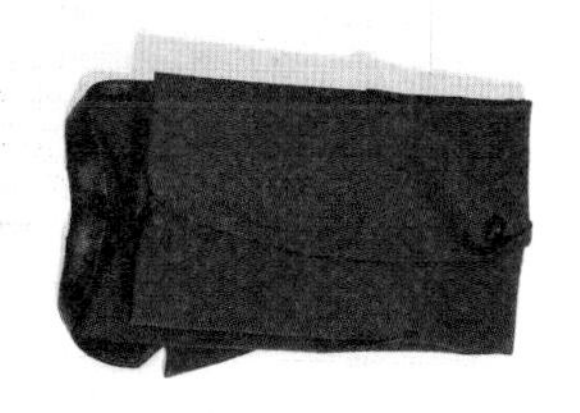

❸ 另一边叠法相同，使衣服呈长条形，最后将外套对折，完成

19. 西裤 一般叠法

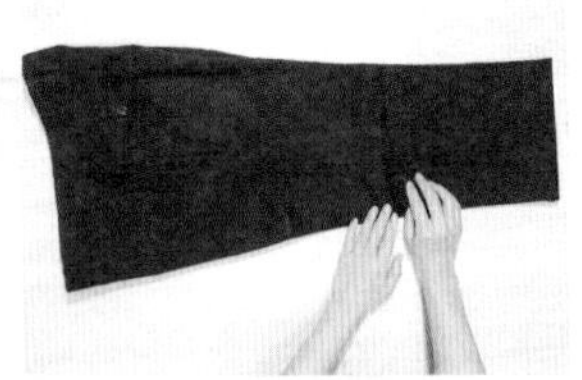

① 如图，将裤子铺平，注意，要将中缝留在上下两面，然后将裤子从下向上叠大约四分之一

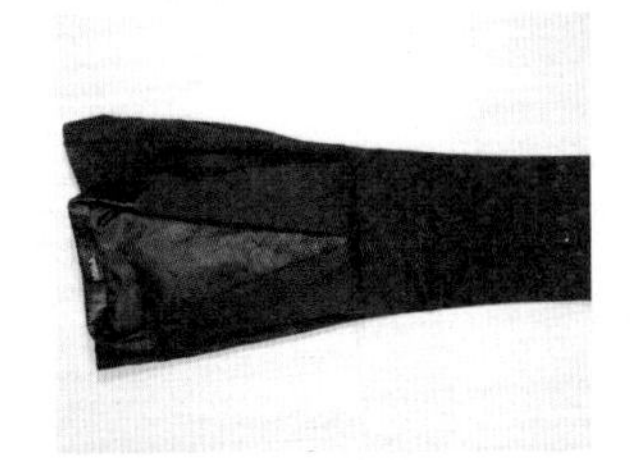

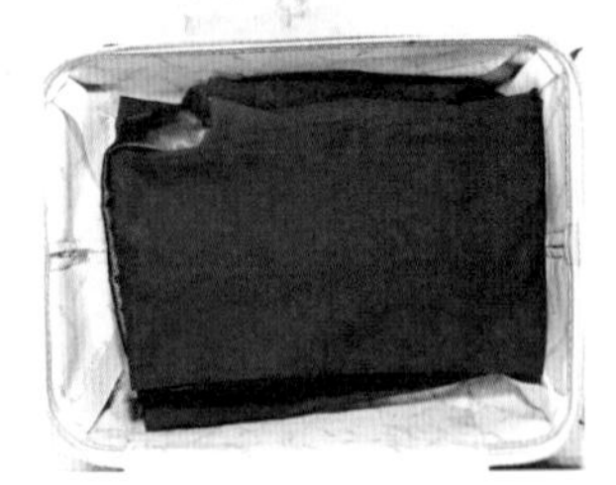

② 将配套的西装外套放在裤子上，后领口与裤腰齐平，然后将裤子朝上叠，包住外套，完成

20. 蝙蝠侠造型服

口袋叠法

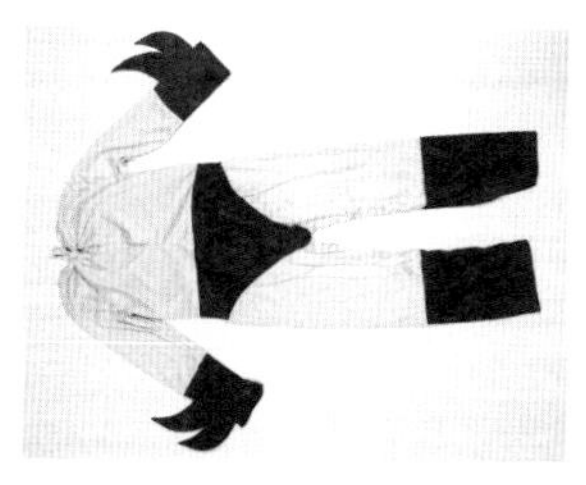

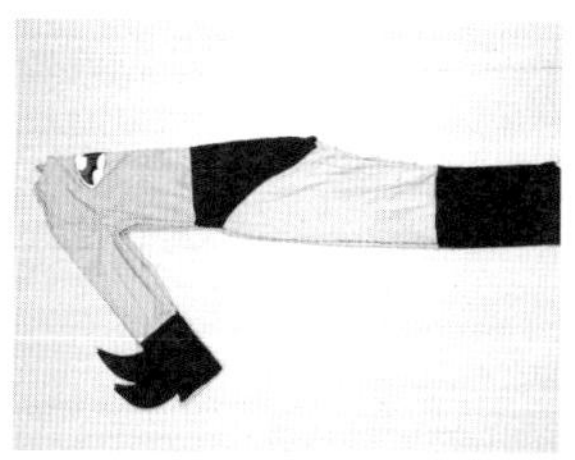

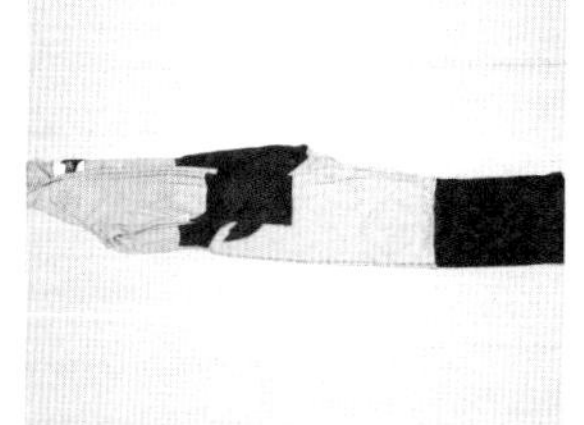

1 先将衣服铺平，然后对折，再将袖子反叠，使衣服呈长条形

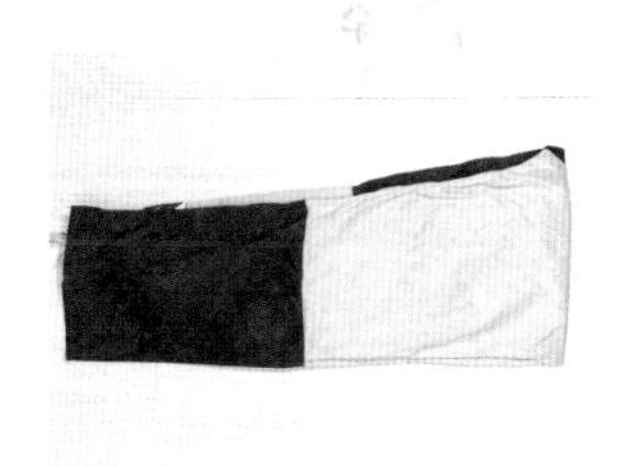

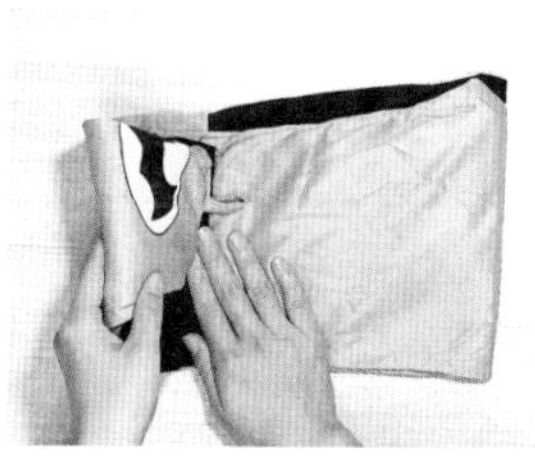

2 将衣服对折，再从上向下叠大约三分之一，然后再次对折，叠完衣服

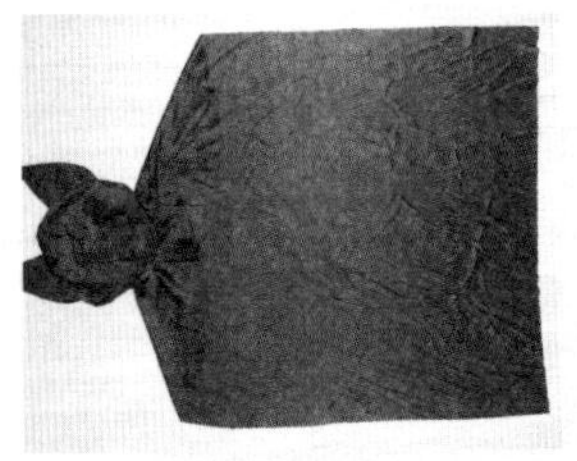

3 将披风铺平，以领口最宽处为基准，先往里叠进去大约三分之一，再将叠过的部分向内对折

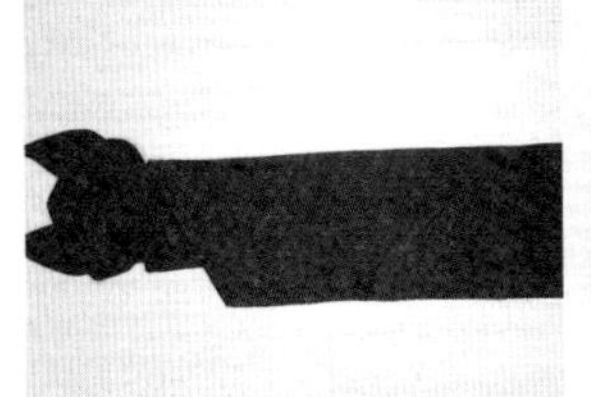
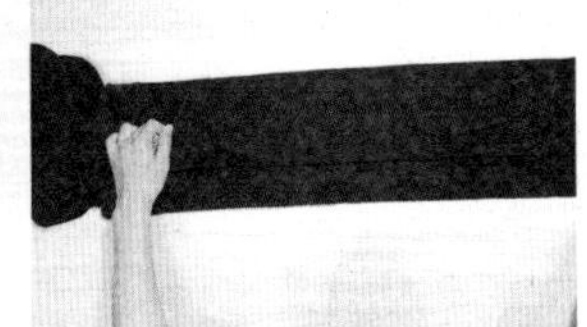

4 另一边叠法相同，使披风呈长条形

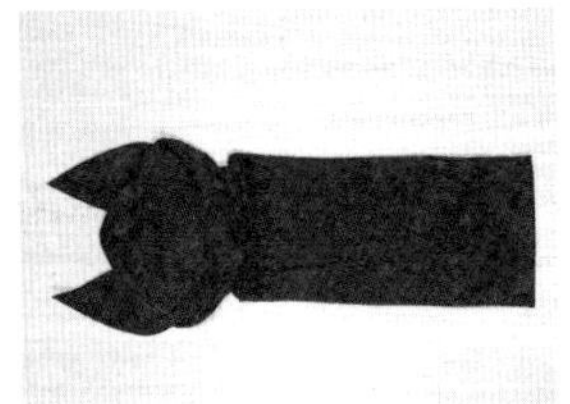
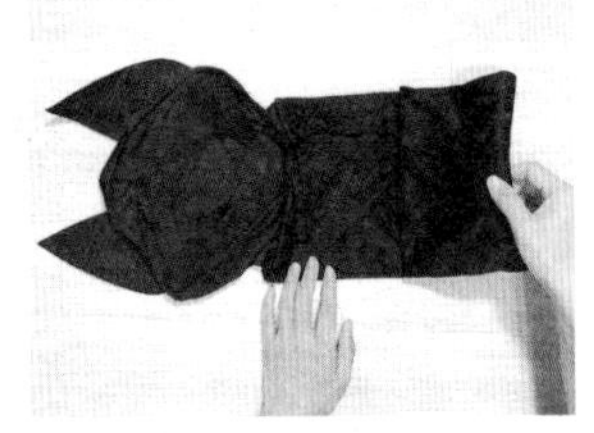

5 先将披风从下向上对折至帽子下缘，再从下向上叠大约三分之一

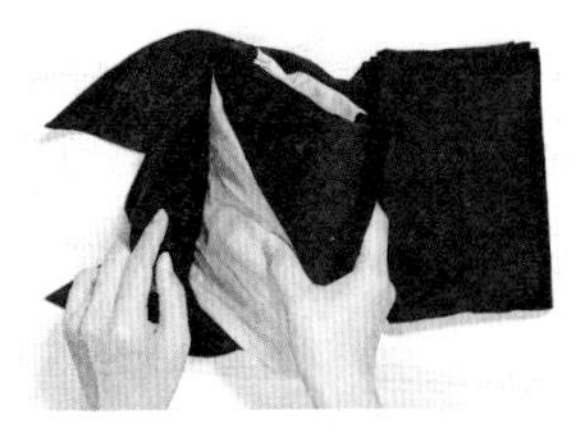

6 将披风从下向上再次对折，之后将叠好的衣服收入帽子，最后将披风的其余部分也收入帽子，完成

21. 婴儿连体衣

口袋叠法

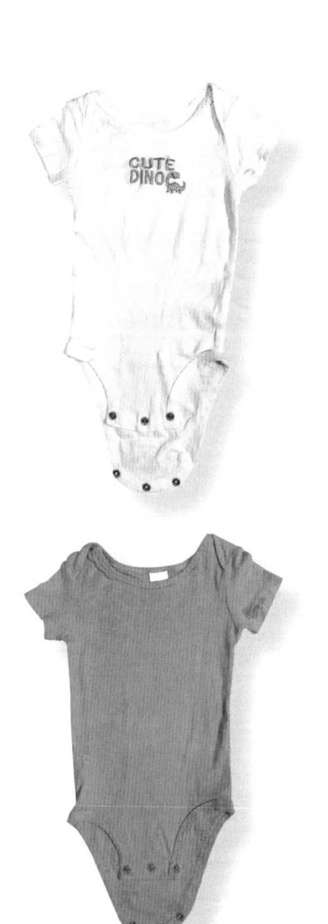

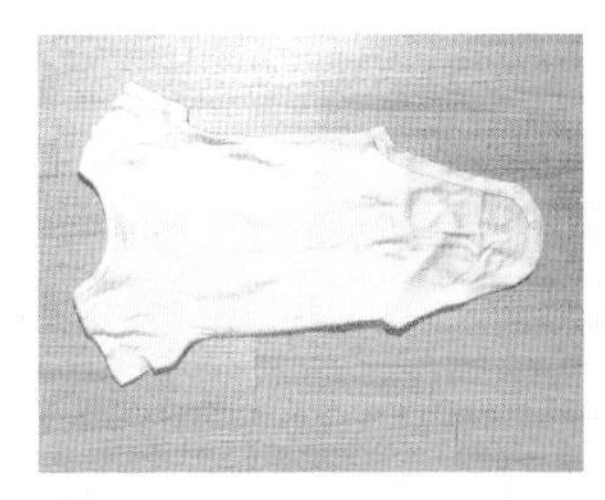

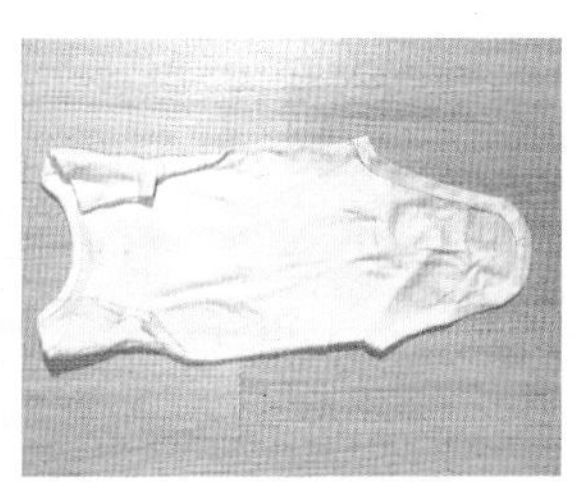

1 先将衣服翻至反面朝上并铺平，再将袖子反叠

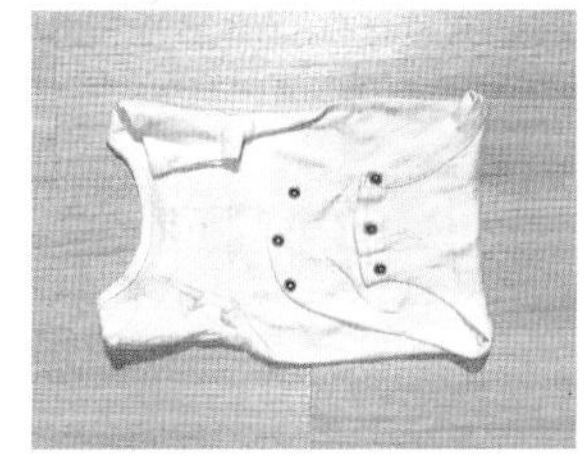

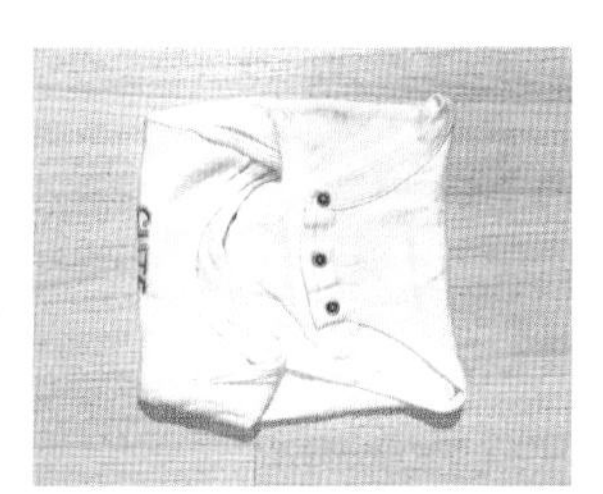

2 将衣服从下向上叠大约四分之一，再从上向下叠大约四分之一，之后对折

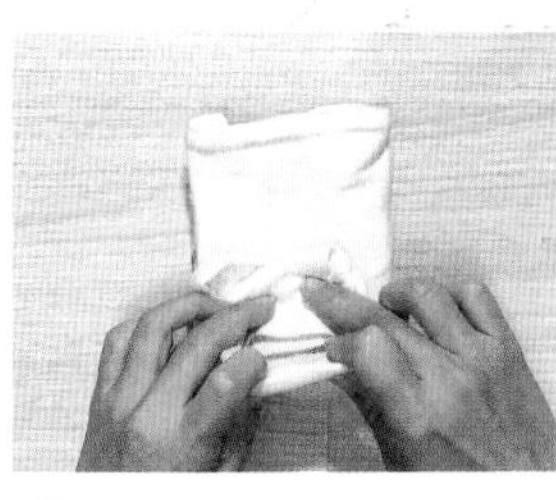

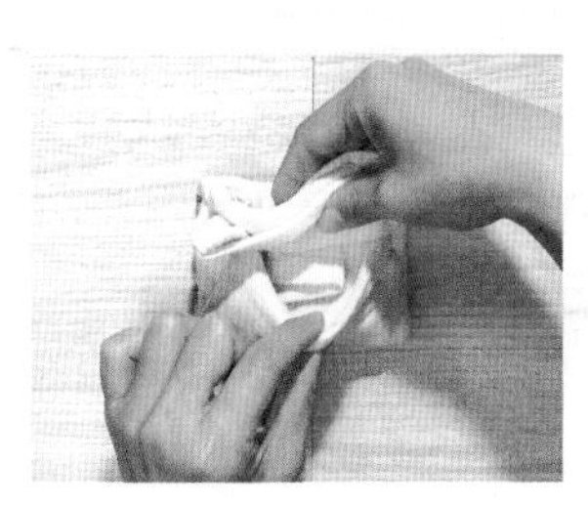

3 将衣服旋转 90° ，再将衣服向里叠大约三分之一，形成口袋，之后将其余部分收入口袋，最后将衣服翻至正面朝上，完成

婴儿连体衣

扣式叠法

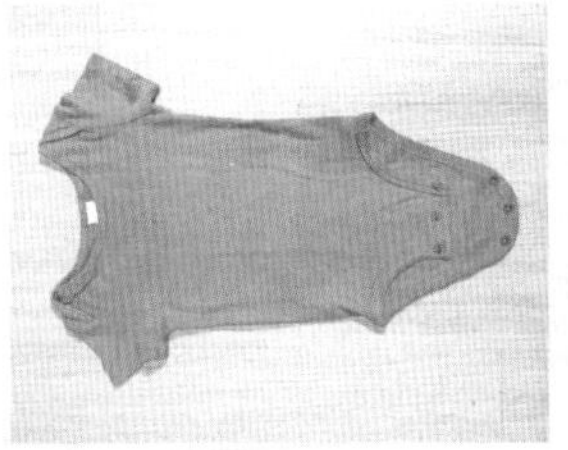
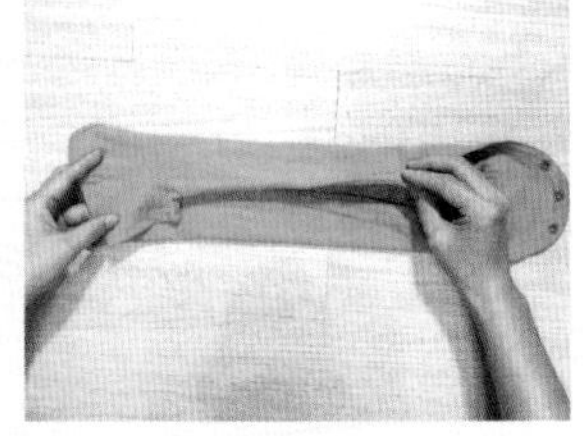

1 将衣服翻至反面向上并铺平，以领口最宽处为基准，将左右两侧向里叠，使衣服呈长条形

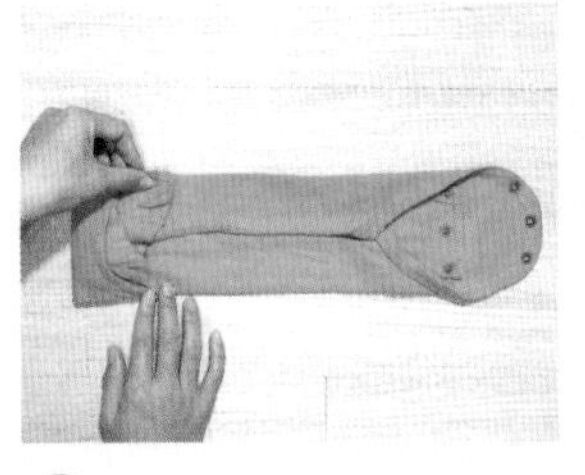
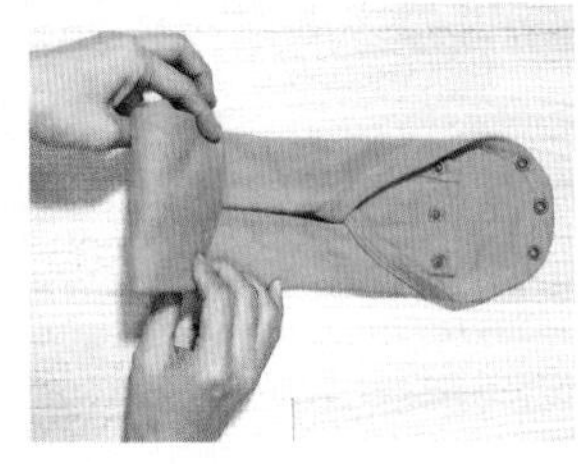
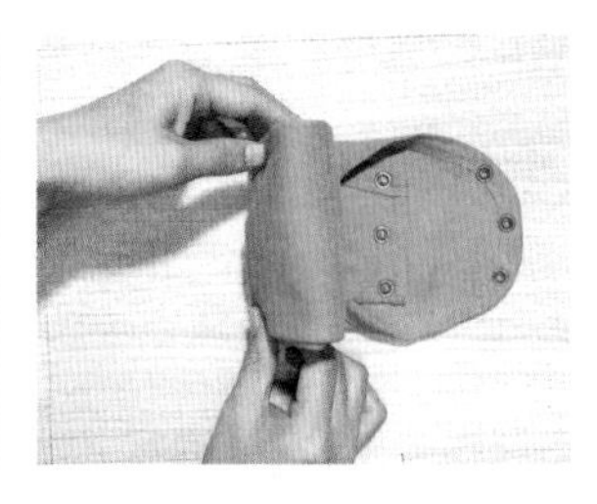

2 从领子开始向下叠或卷至扣子处

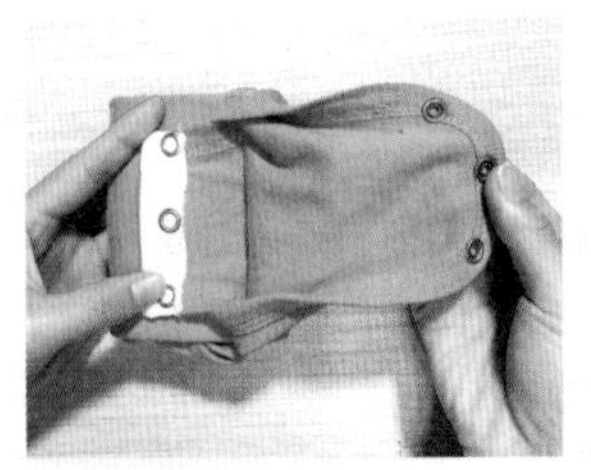
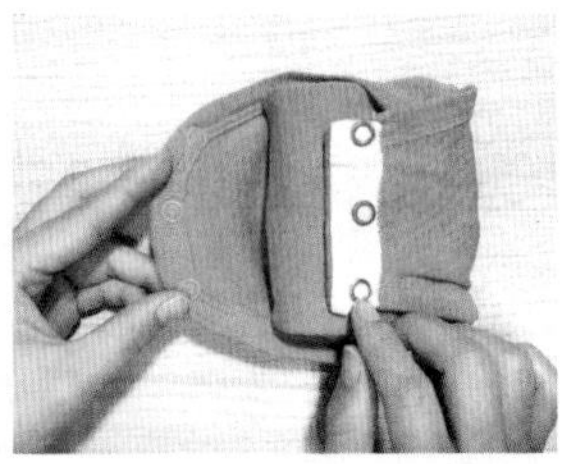

3 如图，用一只手固定上排扣子，用另一只手将下排扣子翻至反面

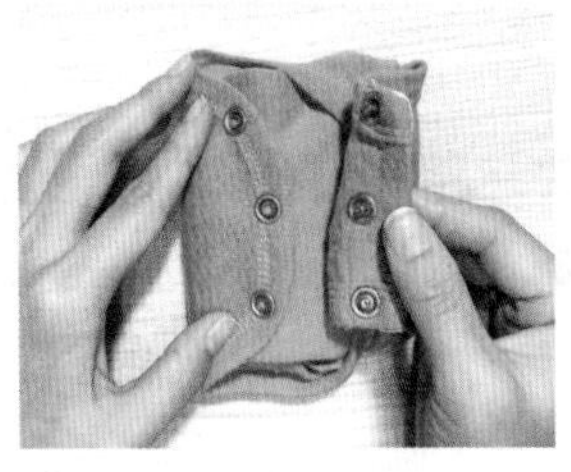

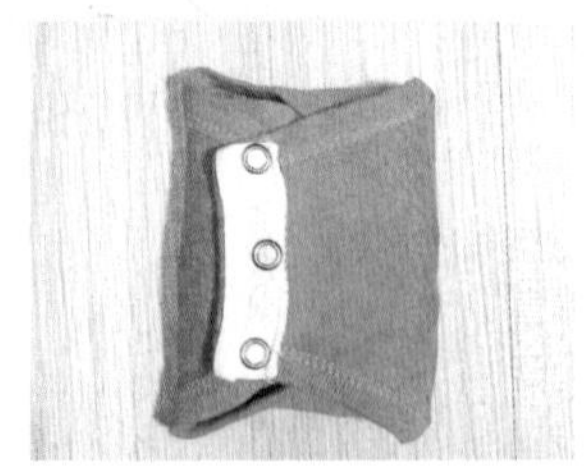

4 将扣子扣好，完成

22. 三角内裤 一般叠法

1 将内裤从下向上对折

2 将两侧分别往里叠大约三分之一，完成

三角内裤

口袋叠法

1 将内裤铺平，以裆部最宽处为基准，将两边分别向里叠，大约各叠进三分之一

2 先将腰部从上向下叠大约三分之一，形成口袋，再将其余部分收入口袋，完成

长柱卷法

1 将内裤铺平并对折，然后由一侧向另一侧慢慢卷，将内裤卷成细长的圆柱状，完成

23. 平角内裤

一般叠法

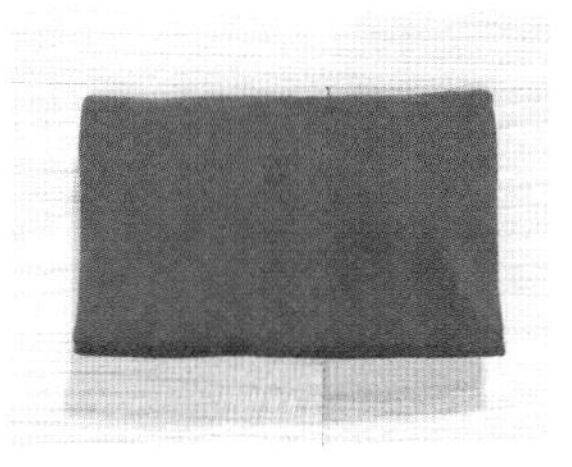

1 将内裤铺平，然后将两侧分别向里叠大约三分之一，再将腰部从上向下叠大约三分之一，之后对折，完成

口袋叠法

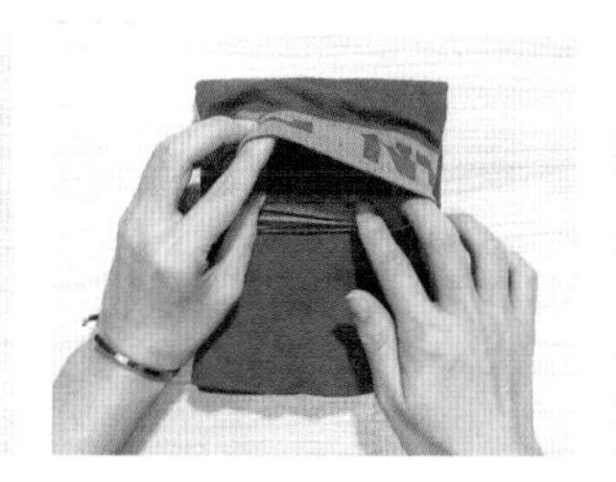

1 将内裤铺平，先将两侧分别向里叠大约三分之一，再将腰部从上向下叠大约三分之一，形成口袋，之后将其余部分收入口袋，完成

24. 短袜

口袋叠法

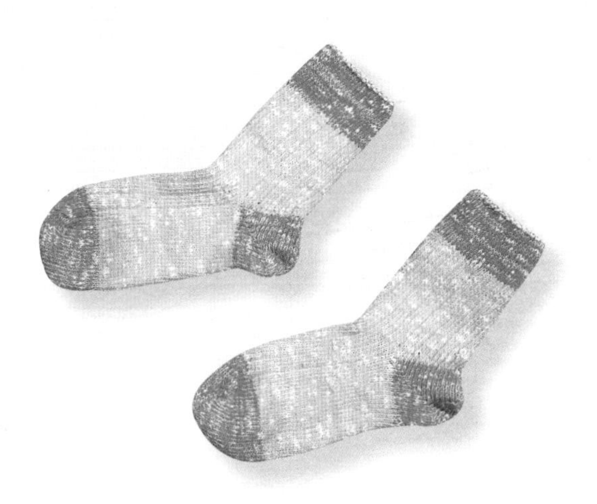

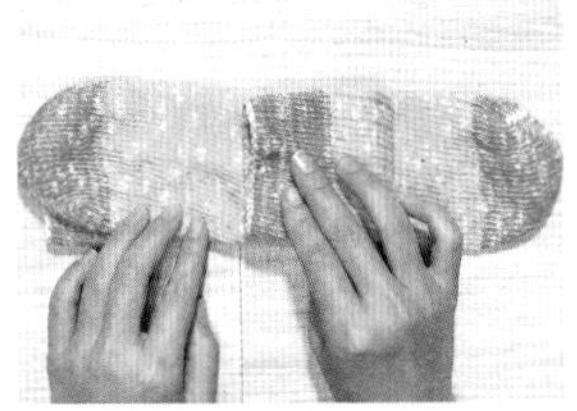

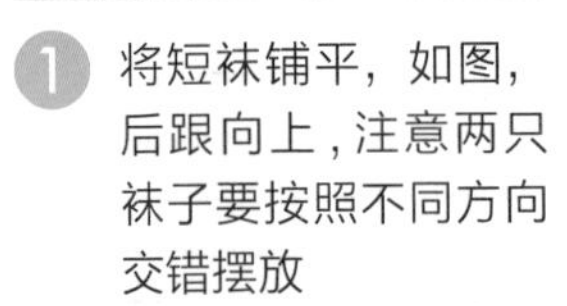

① 将短袜铺平，如图，后跟向上，注意两只袜子要按照不同方向交错摆放

② 将两只袜子叠在一起，然后将上面一只袜子的两头分别向里叠大约三分之一，再将下面一只袜子的袜口向里叠大约三分之一

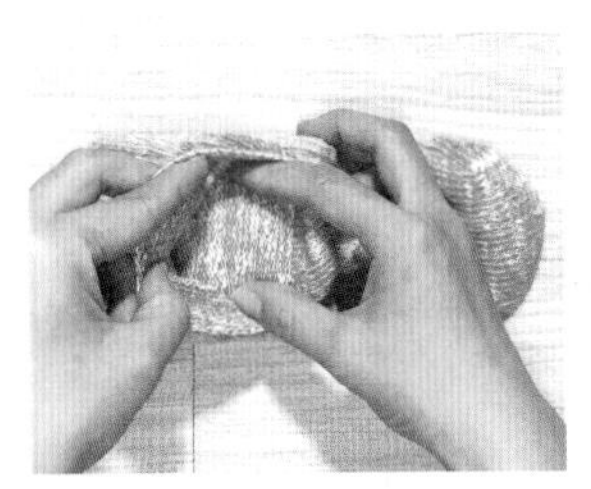

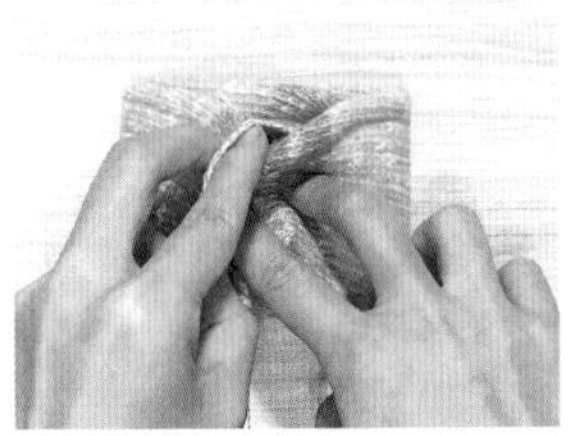

② 撑开下面一只袜子的袜口，形成口袋，再把其余部分收入口袋，完成

25. 打底裤

口袋叠法

1 将打底裤铺平后对折

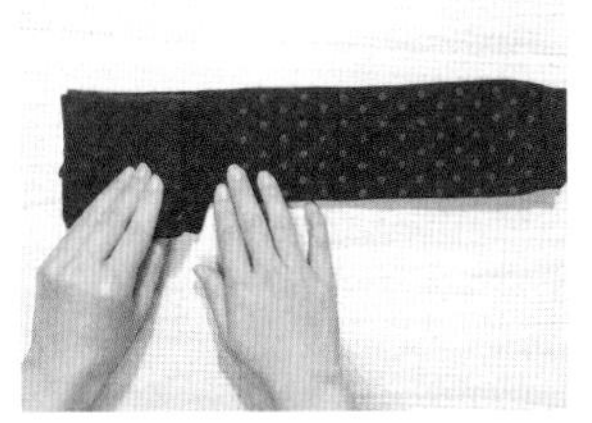

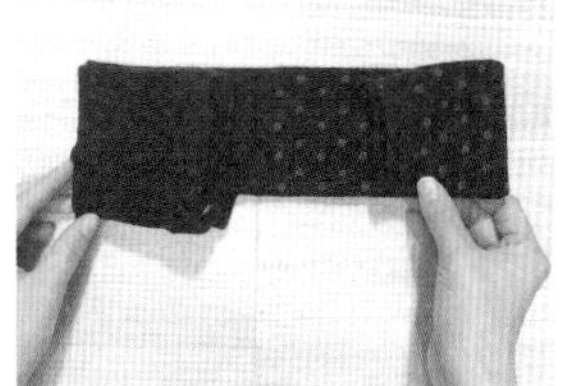

2 先将腰部从上向下叠至裆部，形成口袋，再将裤子从下向上多叠几次，边叠边调整大小，保证小于口袋

3 将其余部分收入口袋，完成

26. 床 笠

口袋叠法

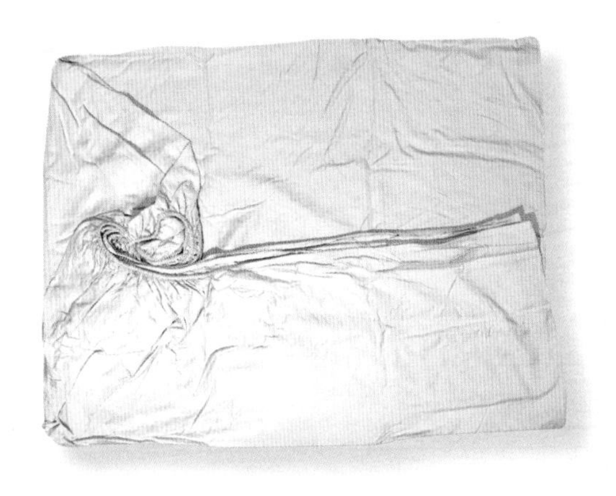

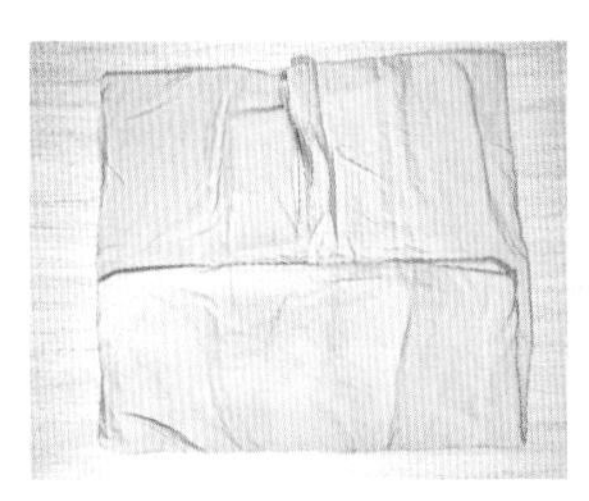

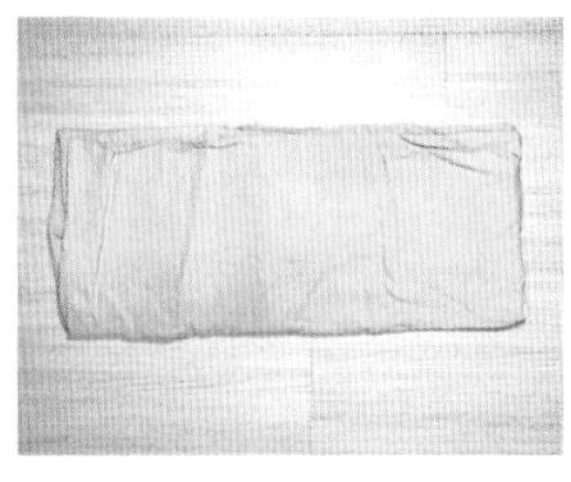

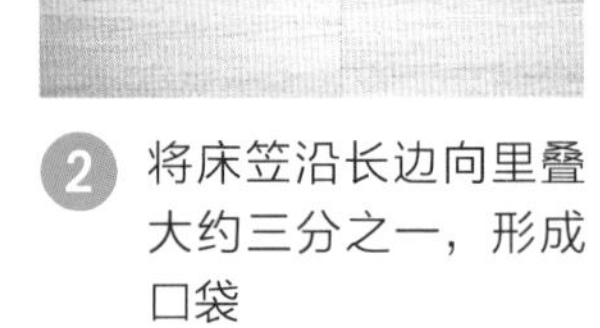

❶ 将床笠沿着转折线对折，让转角重合在一起，铺平后再将侧面部分向里叠，然后对折，使床笠呈长条形

❷ 将床笠沿长边向里叠大约三分之一，形成口袋

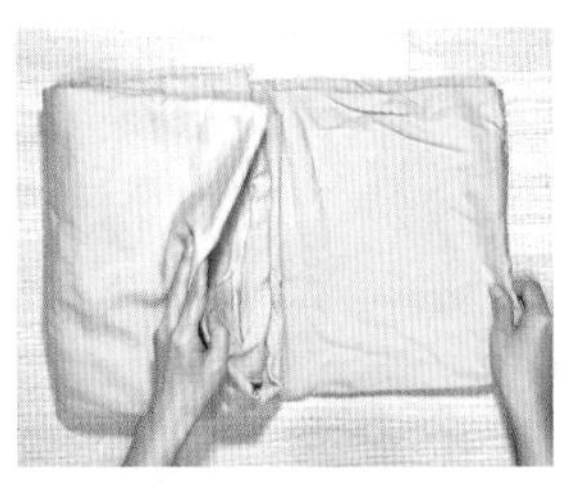

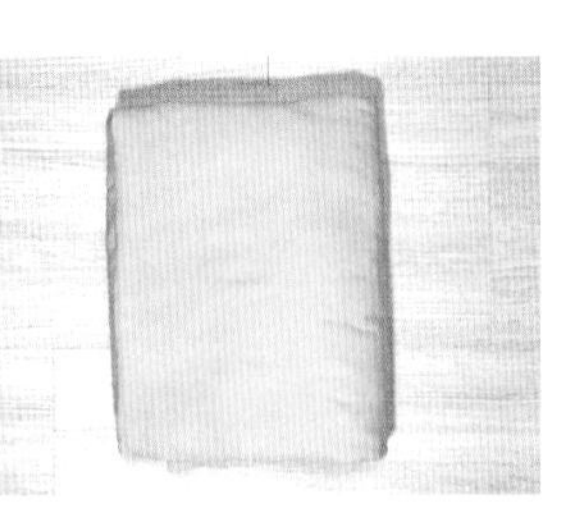

❸ 将其余部分向里叠几次，边叠边调整大小，保证小于口袋，然后将口袋撑开，把其余部分收入口袋，完成

【小试身手 I】

原来叠衣服这么简单

在上门服务时，我发现下面这几个困扰是客户最常遇到的：衣柜的空间永远不够，叠好的衣服一不小心就又乱了，衣服上总有太多褶皱，叠衣服太麻烦……

其实，叠衣服的方式不是固定的，你要选择一个自己可以坚持的方式，而抗拒叠衣服的人，就只能想办法增加挂衣服的空间了。挂衣服虽然省事，但浪费空间，若家里没有那么多空间挂衣服，你就必须淘汰某些物品或是减少衣服数量。不过我还是不建议将所有衣服都挂起来，你可以试着学习刚刚讲过的叠衣服的方法，养成叠衣服的习惯。

在练习叠衣服的过程中，你会逐渐找到自己习惯的方法，之后就不需要每一个步骤都和我讲的一样了，只要按照最顺手的方式叠就可以了。

在这里，我还想与大家分享一个小故事。看看右面的照片，与我合照的是我的朋友瀚文，他在网络上看到我的口袋叠法教程后，不仅开始自己动手整理衣柜，还把衣服叠得非常漂亮。后来，他特地乘飞机回国参加我的整理讲座，又在泰国将整理的力量传递给更多人，让许多人了解了整理与人生的关系。这样的做法让我特别感动，也让我深深觉得把自己的家整理好会带给自己想象不到的力量！

在整理这件事上，不分男生和女生，也没有人是永远的“手残党”。记住前面我分享的方法，快去试试吧！

瀚文将自己的衣柜整理得干净整齐，谁说男生都是“手残党”

衣柜美观“三点灵”

注意下面这三个细节，可以让你的衣柜更加美观！

＊收纳工具款式一致

收纳工具的颜色与款式很多，甚至会让我们感觉无从下手，挑花了眼。如果一时冲动买下了各种颜色及造型的衣架或收纳盒，可能一到家就要后悔。先不论这些工具是否能够互相搭配，它们本身就会成为衣柜杂乱的原因之一。

我建议统一收纳工具的颜色与款式，尺寸也要尽可能统一，而且我不建议使用鞋盒。这是因为如果家里比较潮湿，纸类收纳工具就容易受潮并滋生细菌。购买收纳工具要以美观、实用、好清洁为原则，塑料材质的收纳工具最合适。

＊衣服按颜色排列

收纳叠好的衣服不那么讲究也无妨，毕竟不会一打开衣柜就看到它们，但挂起来的衣服一定要按照颜色深浅的顺序摆放，从左至右或从右至左都可以，自己觉得顺眼就好。如果家中有衣帽间，或吊挂区域不止一处，我建议将衣服分区、分色收纳。

也有人说必须按照衣服长短顺序摆放，但既依照长短又刚好可以按颜色深浅排列是很难的，若是两者中需要舍弃一样，那么依照颜色深浅摆放比依照长度摆放效果更理想。

＊让衣服有“呼吸”的空间

许多人为求方便或不喜欢衣服上有折痕，会将所有衣服都挂起来，结果挂得太密，导致衣服之间没有任何空隙，依旧会造成褶皱。想让衣服没有褶皱，最好的方式是让衣服之间保持适当的距离，让每一件衣服都有“呼吸”的空间。这样不仅会让衣柜看起来更舒服，还能显示出衣服的价值。

Before

×

A 衣服没有分类，衣架也不统一，衣柜看起来很乱

B 衣服间紧密贴合，容易造成褶皱

After

√

C 使用统一款式的衣架，减少凌乱感

D 按照由深至浅的顺序挂放衣服，使衣柜更整齐、美观

可以将衣服分类、分色挂放，还可以将男主人与女主人的衣服分开放，方便寻找

×

A 没有整理的衣帽间看起来像仓库

B 衣帽间内不应放置太多非衣服类物品，若不经常使用，应该将其拿走

After

√

C 将衣服按照颜色深浅分类摆放

D 扔掉怕潮湿的鞋盒，将鞋子直接展示出来

衣服下方杂物不宜太多，否则会影响衣帽间的整洁度

送出门前再看看

对于“不喜欢或不再穿的衣服”，先别急着将它们送出家门，请在送走它们之前再看一下，看看哪些衣服被你判出局了，然后想想原因。了解原因才能避免以后继续乱买。

如果淘汰的都是网购的衣服，那么以后就尽量到商场选购，或选择去可以试穿并确认衣服质感的服装店购物；如果淘汰的都是不再流行的衣服，就表示你过于追逐当季流行趋势，导致衣服一旦过季就无法再穿，那么未来选购时可以多买百搭款，或不要花太多钱在只能穿一季的衣服上；如果淘汰的都是同一种图案的衣服，比如波点、条纹或是卡通，那就表示你并不是很喜欢这类图案，未来就要避免再花钱买这类衣服。

之后，再观察留下来的衣服，它们是在特定的几家店购买的，是特定的版型或色系，还是售价都在同一个范围内？

再看一看的作用是让自己更清楚自己的喜好，明白自己喜欢什么，不喜欢什么，未来出手才能“快、准、狠”，让丢弃的物品越来越少，拥有的喜欢的物品越来越多。

多达 16 大袋的淘汰衣服

衣服可以去哪里

被淘汰的衣服可以送亲友、上闲置交易平台卖掉、捐赠等，不管怎么处置，我们都需要注意基本的礼节，不要将破损或发霉的衣服送出去。

* 送给亲友

身边若有合适的人可以接手你的旧衣服，那是最棒的事。送人是最快的方法，但务必先确定对方是否喜欢，不要把自己不要的东西强塞给他人。东西送出去后不再过问，这也是送礼的基本礼貌。

* DIY改造

我们可以将不要的衣服变成包包、抽纸盒的套子、装饰品等。我曾把衣服缝成小狗的窝，是不是很棒？不过千万不能空有想法而没有行动，否则那些衣服会一直被放在角落，又变成占用空间的废品。

将不穿的衣服改造成狗窝，小狗看起来也很喜欢呢

＊闲置交易平台

你可以把一些价格较贵的衣服放到闲置交易平台上，这样可以换回一些钱，但我要提醒大家，一件衣服在你当初结账的那一瞬间就已经变成二手的了，它的价值和你结账的金额就已经不再对等了，更别提使用过后的价值了。因此，既然你已经不需要它了，就别惦记着售价，赶紧让它离开才是对你最有利的。一星期内卖不掉的衣服可以考虑用其他方法送走，否则它们只会在你家停留更久。

＊捐赠

将不要的衣服投入旧衣回收箱或捐赠至相应的机构也是不错的选择。捐赠时要注意，不要捐破损、脏污或是发霉的衣服，要先进行一轮筛选再将衣服送出去。捐赠前可以先上网查询哪些机构需要衣服，做好功课后再将衣服送到合适的地方，以免白跑一趟或是造成接收机构的困扰。

＊社群快速处理

这几年很流行社群服务，出现了非常多地区性的社群，只要是居住在此区域内的居民都可以加入，大家可以在里面交流各种事务。许多人会将自己不穿的衣服拍照发布，左邻右舍若是有需要就可以和物主约时间、地点进行交易。

还有一些社群，只要输入关键字就可以搜到交换或赠衣的信息，若是两方相距太远，还可以使用快递寄送，这样就能在最短的时间内将不需要的衣服送出家门了。

购物前先想一想

有些人出门逛街，看到一件自己很想尝试但从没尝试过的衣服，只在镜子前比画了一下就买下了。然后，他们发现家里好像没有适合搭配这件衣服的下装，便又挑了一条可以搭配它的裙子。好不容易挑到了合适的裙子，结账前又想到好像没有可以搭配这条裙子的鞋，要不再挑一双鞋子吧……就这样，他们在不知不觉中越买越多。

实测自己的衣柜，最百搭的就是这款小黑裙

你有这样的经历吗？以这种模式购物的人在买了一件衣服后，甚至可能连身上的配件都要添购。明明只想买一件衣服，可是最后拎了好几个袋子回家，然而，如果一个人永远都穿着同样搭配的衣服出现，旁人还没看腻，自己可能已经先腻了。最后，那些为了搭配而购买的衣服及配件，大部分是最先被淘汰的。

当挑到喜欢的衣服时，请你先冷静地想一想，自己的衣柜里有没有两三款能搭配这件衣服的下装、鞋子、包包、配件。若是这件衣服在你的衣柜里“不孤单”，有许多适合与它互相搭配的衣服及配件，那么就可以买了！

还要提醒大家，虽然价格是影响购物的重要因素之一，但绝对不能只根据价格决定是否购买，再便宜的衣服，如果自己对它不心动，也不要买。

假如一件你喜欢的衣服价格是999元，另一件不怎么喜欢的价格是599元，图便宜的你买了599元的那件，回家后却依旧想着999元的那件，说不定某天还会买回它。既然如此，为什么不直接买喜欢的呢？钱可以再赚，衣服下架了可能就没有了。既然要花钱，请记得将钱花在自己真正喜欢的物品上。

只留下自己喜欢的，如果没有那么喜欢，不如直接处理掉。如果还是空间不够，可以利用收纳工具来增加收纳空间。比如，可以用伸缩杆增加一层，这样就可以多放一倍数量的鞋子了

厨房物品收纳

厨房是最不易整理的场所之一，许多人都是在过年前大扫除时才发现许多食物已经过期或是买重复了，还有许多人每天都在不停地寻找锅碗瓢盆，好像这些东西总会在需要用到的时候突然消失。

＊过期的食物一律扔掉

我到客户家整理厨房时，扔掉最多的物品就是过期的食品，尤其是大罐的调料、未拆封的咖喱块、只用了一点点的干货等。食品被放到过期，最主要的原因就是没有进行统一收纳，或者是将它们放在了看不见的地方。当东西越堆越多，放在深处的物品就会被遗忘，最后只能因过期、损坏被扔掉。

对于口味不适合自己但还在保质期内的食品，建议尽快把它们送给需要的人，这比将食物放过期然后扔掉更有意义。

挑选款式相同的食品收纳罐并贴上标签，整齐划一的食品罐也是很好的装饰品

＊只留家中人口足够用的数量

厨房里有什么呢？锅碗瓢盆、调料、干货、零食、粮食、保健食品、罐头……整理之前，你首先要将厨房里的物品分类，否则你是绝对意识不到两个人住的家里可能有50口锅的。

你家里到底有多少人呢？需要多少杯子，多少筷子呢？我家里只有四口人，偶尔会有朋友来做客，但我不会为了这个“偶尔”而囤积太多餐具。为了每年一两次的朋友聚会囤积12人份的杯盘碗筷是完全没必要的，让朋友用一次性餐具就可以了。

除了餐具的数量需要符合家中人口数外，调料瓶的容量也应如此。如果你家只有两个人，又不常在家开火，那么选择小罐的调料就足够了，千万不要因为大罐比较划算而买大罐的调料，结果过期后只能丢弃，反而更不划算。另外，看到特价、买大送小的广告语时，也请你多想3秒，避免花冤枉钱！

请勿将一次性餐具带回家，筷子、勺子只保留家中人口足够用的数量即可

＊收纳的统一性

我们常常会遇到这类情况：拿到长短不一的筷子，各式各样的调味料堆在某处忘了用，罐头还没吃完就坏了，某种食品明明买过却又买了一包……这一切的原因都是没有采用收纳的统一原则。只留下成套的餐具与收纳工具，将同类物品放在一起，这些方法都能够增加收纳的美感，提升取用时的效率。

✻ 巧用储存空间

厨房中最大的台面上只摆放“非摆在这里不可”的物品即可，比如每天都要用的电饭锅、饮水机等，其他物品一律不放在台面上，要尽量保持台面干净，这样厨房的整洁度就已经达到及格水平了。接下来，你可以依照使用频率与物品种类将原来放在台面上的物品放进柜子里。厨房的柜子通常又高又深，因此几乎每个家庭的厨房都存在空间闲置的问题，我建议增加“ㄇ”形收纳架，把储存空间充分利用起来。

×

Ⓐ 随手把物品堆在台面上，不仅使空间看起来杂乱，还影响找东西的效率

√

Ⓑ 台面上尽量少放不常用的物品，留出更多可以使用的空间

Ⓒ 台面上只留必需品，将其他用品收进抽屉或橱柜

中岛台面上放了太多杂物，使其失去原有功能，实在可惜

将使用频率不高、重量较轻的物品放在顶柜中，如杯子、托盘、烘焙工具、轻巧的家电、零食、干货、保鲜盒等。

将比较重的物品放在高度在腰部以下的柜子里，如电器、锅具、清洁剂、刀具、常用的调味料等。

×

A 物品没有分类放置

B 没有使用收纳工具，柜子里乱七八糟

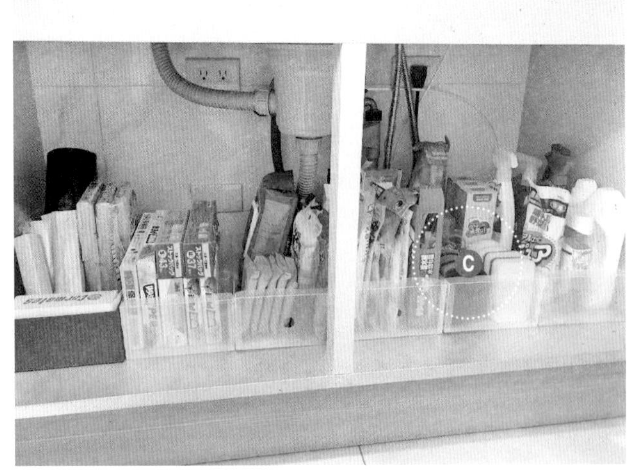

√

C 使用收纳工具将物品分类摆放，可以使柜子更美观，也更容易找到想要的物品

用收纳工具存放清洁用品，既整齐又能清楚余量

冰箱不是存放厨余垃圾的地方

我们经常会在冰箱里发现过期的食品，于是只能将它们扔掉。不停地往冰箱里塞东西，又常常忘记冰箱里都有什么东西，久而久之，冰箱变成了存放垃圾的地方。其实，只要掌握下面这两个原则，你就能发挥冰箱的真正作用，吃到新鲜的食物了。

＊有进有出，标签提醒

冰箱的功能是保鲜，一定要遵守先出后进的原则，确保取出来的食品已经被吃掉再补充。如果你担心忘记食品是何时购买的或何时到期，可以用标签来辅助记忆。我习惯将保质期较短的食品放在左边，因为我习惯一打开冰箱先往左看。

＊方的收纳盒最理想

冰箱里的收纳盒多为保鲜盒，我建议使用方的，因为方的盒子能更充分地利用空间。最好使用同样大小与品牌的收纳盒，这样便于堆叠。另外，可以将需要先食用的食品放在外侧，或堆叠在顶层，这样可以帮助你尽量少地浪费食物。

遵守先出后进的原则，将保质期较短的食品摆在外面，最好使用透明的、方的保鲜盒来保存，可以用标签辅助记忆

控制卫生间中物品的数量

卫生间基本上只有洗漱、排泄、洗澡这几个功能，因此，只要不将卫生间当作仓库，基本上不会有整理收纳方面的问题。大家只要掌握如下两个要点，定期清洁就可以了。

✻ 控制洗护用品数量

以我为例，洗发水、护发素、沐浴乳、洗面奶、卸妆水等物品，我全都是一样只有一瓶，等到快用完时才会添购。清楚自己的喜好，控制好卫生间内物品的数量，即使不刻意收纳，卫生间也不会乱到哪里去。

洗手台、马桶是最容易藏污纳垢的地方，要定期清洁，保持环境整洁与身体健康

洗护用品各准备一瓶就好，若能用相同款式的收纳工具收纳，卫生间会更整齐

✻ 避免潮湿

卫生间是比较潮湿的地方，不适合放太多物品，否则容易滋生细菌，所以我建议将备用品放在其他地方，可以设置一个专门放置备用品的区域。如果有些家庭的卫生间设备较好，有防潮的功能，又有足够的空间存放备用品，那么也请注意存放数量，不要买太多备用品，只要够用就好。

保持环境干燥，这样可以避免因地面积水而滑倒，洗手台上只放需要用的物品，不放备用品

书不是拥有就等于吸收了知识

你有多少本买了还没看，或是只看了一半的书？这些书很可能是你根本不喜欢的，否则你早就挤出时间把它们看完了。也许你觉得某一天你肯定能把它们看完，其实那一天永远都不会来。让我们来一次书本大集合吧！

整理之前，必须先把所有书集中起来，然后按绘本、漫画、现代小说、文学名著、工具书、地图、食谱、孕产育儿、杂志、外文书等逐一分类。之后你会发现，杂志、曾去过的地方的地图等类型的书是不需要保留的，因为它们的内容会随着时间的推移而更新，可以将它们淘汰。

如果你曾经沉迷于手工、食谱、星座等书，但现在对这些内容已不再感兴趣，也可以将这些书淘汰。对于孕产育儿书，若你的孩子已经长大，那也可以把这些书淘汰。如果工具书已有更新，可以把旧版的扔掉，换成新版。

先集中，再分类

那么到底保留多少书合适呢？其实只要把握一个原则，就是你的书柜看起来要清爽，书本不会因为互相挤压而抽不出来，书柜的层板没有被压成“U”形，留下来的书都是你喜欢、会拿出来一看再看的，就可以了。

排列尺寸不一的书

给书分完类，你会发现书的尺寸不一、形状不一，甚至有些儿童读物的形状是不规则的，应该如何排列摆放呢？想让书柜看起来美观整齐，你要记住这三点：同系列放一起，齐高排列，按颜色排列。

* 同系列放一起

同系列的书通常都是一样大小的，甚至封面设计都是一样的，因此将同系列的书放在一起绝对不会错。

* 齐高排列

书籍有一些固定的尺寸，可以将一样尺寸的书放在一起，这样能避免视觉上的杂乱。另外，有些出版社会做固定尺寸的书，因此还可以按照出版社来分类摆。若是将书全部推到柜底会造成外侧的书脊凹凸不平，可以以最宽的那本书为基准，将书脊朝外对齐摆放。

* 按颜色排列

若是你不在乎书的类别，并且书柜在家中非常显眼的位置，想着重强调美感，可以试试将书按照颜色由深至浅的顺序排列，但这会使你在寻找某本书时遇到不小的困难。

Before

×

Ⓐ 物品随手放，导致书柜上出现许多书籍以外的物品

Ⓑ 没有按照书的尺寸选择合适的书柜，造成部分书需要平放堆叠，还有一格有一大块空间没有被利用，非常可惜

After

干脆把书柜立起来，小桌子上只放必要的文具

√

Ⓒ 为了改掉随手放东西的习惯，可以将书柜立起来放，减少台面的面积。这样还可以让书都能“站”起来

Before

×

Ⓐ 玩具没有专属的“家”，书也没有归位，整个空间非常杂乱

Ⓑ 物品全部堆在桌上，增加了收拾的难度，导致孩子不喜欢收拾

After

C

D

培养孩子用完某样东西马上将其归位的好习惯

√

Ⓒ 将书分类后放在书架上，看完立马归位

Ⓓ 将玩具收入箱子，尽量不放在地面上，避免物品越堆越多

用绿植和装饰品“温暖”书柜

可以将薄到书脊上没有字的书装在收纳盒里，这样更好找，也不会乱。另外，书柜如果很满，毫无空隙，会让人有压迫感，看起来很像漫画店中的书架，少了家的味道。其实，书不在多，够看就好。书柜中除了放书，还可以放一些绿色植物或是装饰品，这样效果更好。

当然，绿植和装饰品也不一定只能摆在书柜中，将它们放在台面上、窗边等位置，都可以弥补家中太空的感觉，给人温馨感。

挑选书柜有秘诀

如果想购买移动式书柜，务必购买足够稳固、质量好的，以免放太多书后书柜倒塌，发生危险。如果想购买钉在墙上的固定式书柜，则应尽量选择层板可以调整高度的，这样摆放书籍时更加灵活，而且不一样高的层板还有装饰作用。

若大人与小孩需要共享书柜，则必须将孩子的书放在低一点儿的层架上，这样便于孩子自己取用和收拾

书中配套光盘的收纳法

许多书配有光盘，尤其是儿童读物。有一些可以夹在书里，但有一些配有单独的光盘盒，无法夹在书里。那么，书与光盘到底应该分开放，还是放在一起呢?

分开放置

我认为最好将书与光盘分开放置，找一个不会忘记的地方将光盘统一收好，例如可以将光盘放在播放器附近，并且确保家中的小朋友够不到，以免他们把盒子里的光盘拿出来后再装到其他盒子里，造成麻烦。

放在一起

如果你想将书与光盘放在一起也可以。你可以使用一些工具来收纳光盘，比如有塑料袋子的资料夹，将书和光盘放在同一个袋子里，这样就不用花时间来找与书配套的光盘了。

书桌和办公桌的整理准则

无论是家中的书桌还是公司的办公桌，我们的需求都是取用物品方便、工作空间足够这两点，以便提升工作效率。

＊桌面上只放必需品

一般来说，家里的书桌上要放的必需品有笔筒、台灯、文件架等，东西越少越好。办公桌上要放的物品有电脑、鼠标、电话、笔筒、便条纸、文件架等。如果桌面是“L”形的，我建议将电脑放在座位的正前方，一般为“L”的拐角处，电话与纸笔则放在惯用手一侧，水杯放得离自己越远越好，这样可以避免不小心将其打翻，影响工作。

×

Ⓐ这样的桌面会让人心情很糟，必须改掉顺手将物品放在桌上的坏习惯，避免物品越堆越多

After

√

Ⓑ空出工作空间，视觉上清爽了，原来杂乱的桌子现在可供两人同时使用

桌面上只放必需品，将不属于书桌的物品全部移除

＊笔筒里只放常用文具

将铅笔、橡皮、中性笔、胶带、记号笔等几乎每天都要用到的文具放在桌面上的笔筒里，但数量不要太多，每样物品只放1～2个就可以了，将备用的都放到抽屉里。

＊使用频率不高的物品放入抽屉

使用频率不高的物品，如订书机、回形针等，可以放在离自己比较近的抽屉里，并且要放在一拉出抽屉就可以立刻看到的位置上。其他偶尔才会用到的物品可以放在抽屉的深处。收纳时，只要记住越常用的越靠外放这个原则就可以了。另外，我建议使用收纳盒将不同的物品隔开，这样更方便拿取。

×

A 桌子上方放了太多物品，很容易倒塌

B 将用过的卫生纸随意放在桌上容易引来蚊蝇

√

C 利用分层收纳盒将物品分类装好

该扔的扔，利用抽屉收纳工具将物品分类装好，空出工作空间

* 选择简约型书桌，提升专注力

个人办公桌通常有三层抽屉，上面两层可以放文具、杯子、碗筷、卫生纸等日常用品，下面那层可以放下班后要带走的东西，如包、下班后要用的运动装备等。

给孩子使用的书桌建议选“冂”形的，再搭配一两个抽屉。桌面上只放必需品，其余的全部收起来。有些儿童书桌配备齐全，桌面上还有许多架子，不过通常架子越多，东西就越多，而物品一旦太多就会影响孩子的专注力，因此我建议选择简约一点儿的书桌。

Before

×

Ⓐ 孩子的桌面上不要放杂物，以免影响孩子的专注力

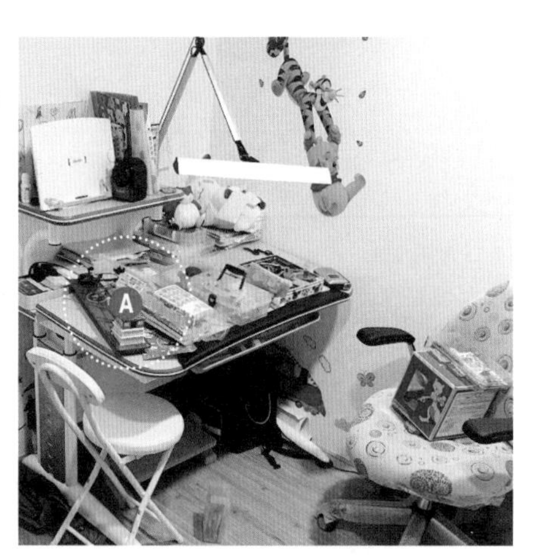

After

√

Ⓑ 孩子长得快，可以为他们选择能调节高度与角度的书桌

若家中有小孩，请将非必需的物品都收起来，桌上只摆放必要的文具与书籍

* 给文件分类，方便寻找

如果桌面上需要摆放文件，建议先将文件分为正在处理的、近期需要用的以及需要长期保存的三类，然后将近期需要用的和需要长期保存的放在桌面的两侧，保持中间的工作区域的洁净。我建议用文件夹等收纳工具收纳文件，然后将它们立起来摆放，以减少文件的占地面积，也更方便寻找。不过，A4纸立久了会变形，若没有资料夹等工具时，还是建议平放。另外，需要长期保存的文件在确定暂时不用了之后要用收纳盒收好，还可以将装这些文件的收纳盒换个方向摆放，并贴上标签，以便区分。

×

A 毛巾应属于浴室

B 没必要用两个杯子

√

C 将杯子放在惯用手一侧的前方，尽量远一点儿，既方便拿取，又能避免将其打翻

将非必要的物品清出桌面，这样可以腾出更多工作空间，提升工作效率

将不常用的文件夹换个方向摆放，这样更易于区分，若有需要，还可以在文件夹背面贴上标签

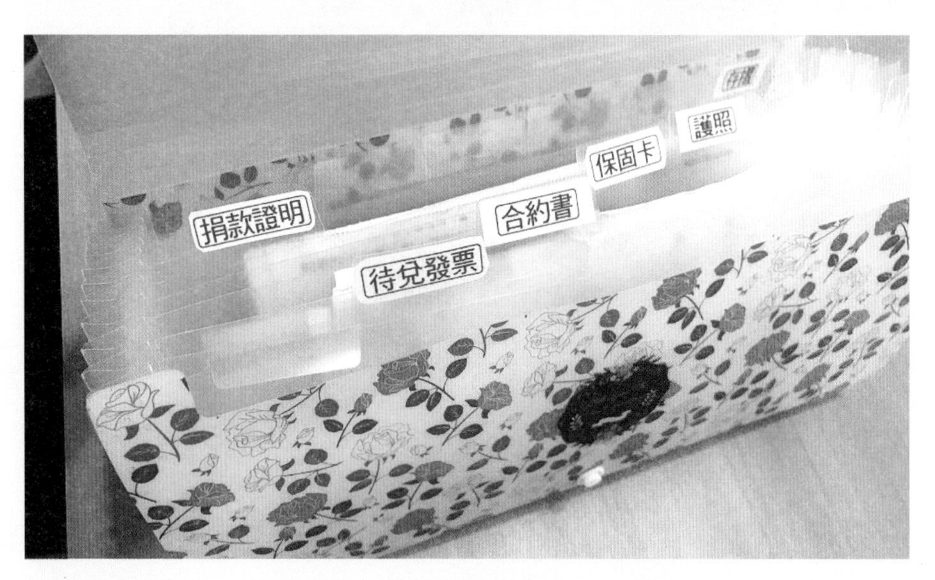

用标签机制作标签，就可以毫不费力地找到需要的文件了

资料整理法

成长过程中，我们会累积很多资料，例如妈妈的产检单，孩子的出生证明、疫苗注射纪录、入学通知单、成绩单……这些资料只会越来越多，其中有些是可以扔掉的，而有些必须保存起来，我们该怎么做才能不乱呢？

＊可以马上处理掉的

先找出可以在一星期内处理掉的资料，比如账单，然后将它们放在最显眼的地方，一用完就尽快处理。有些人会保存缴过费的账单，而我会将这些资料电子化，用手机拍照或用扫描仪扫描后存在电脑里，因为这些资料不需要留底，也基本不会再用到，所以无纸化保存更方便，也更节省空间。

＊最近能处理的

还没到兑奖日期的奖券、待退货的发票、正在使用的药方等，这些待处理的资料一时半会儿还不能扔。我们可以将它们集中存放，等到用完后马上扔掉。

＊需要一直保存的

商品的说明书、保修卡，我们的出生证明、户口本、就医证明等需要长期保存的资料，我建议使用长尾夹将它们分门别类地收好并做标记。不过，一旦保修卡过了期，确定无法使用时就要马上处理掉，所以即使是这类资料，我们也要定期筛查一下。另外，现在网络非常发达，产品的任何操作问题都可以上网找答案，因此我建议不用保存说明书。

让人又爱又恨的小东西

电线、项链、手环等小东西，常常因体积小而容易被遗忘或是随手乱放，久而久之，我们会发现自己买了许多款式重复的小物件，真的很烦。

＊“毫无隐私”的抽屉

有这样一个特别的村子，当地居民的房子和我们的房子完全不一样，只要是同一户人家，家里的所有家当都摆放在一个没有隔间的房子里，家庭成员之间没有隐私，都只能在所有家人面前赤裸地生活。这个村子就叫“你的抽屉”。

“毫无隐私”的抽屉

你是不是很难想象这种生活方式呢？一家人再怎么亲也要有自己专属的空间吧！你能想象和丈母娘一起在客厅洗澡吗？能接受自己在所有家人面前上厕所吗？既然你不行，为什么把所有文具丢到抽屉里之后，不为这些文具设置隔间呢？

用收纳盒或隔板，让物品拥有各自的“房间”

每种物品都需要有自己的“房间”，这是收纳的第一步。如果你再也不想把大把时间花在找东西上，那么我强烈建议你替每种物品隔出“房间”。

✻ 制作标签

当每种物品都有专属“房间”之后，我们只要好好维护它们的“房间”就可以了，但如果你和其他人一起住，就有可能遇到以下问题：

“爸，我的帽子在哪里？我找不到了！”

“老公，我说过袜子要收进衣柜，你为什么又乱丢了！”

“老婆，我明明说过手表我会自己收好的，你又把它放在哪里了？”

“妈妈，这个包非常贵，不能放在架子上，会发霉啊！”

你看，明明帮物品找好了“房间”，为什么诸如此类的对话依然常常出现呢？袜子明明是衣服类，应该被收进衣柜，但是有的人习惯将它放在玄关，穿鞋前拿一双很方便；你将自己的名牌包归类在贵重物品区单独保存，可妈妈总将它与其他包一起放在架子上。发生这些事情的原因就是每个人的收纳逻辑不一样，这与每个人的生活习惯密切相关，生活习惯会影响人们对物品分类与摆放的想法。因此，如果你不是独居，我建议你在为物品找到“房间”之后，还要给“房间”挂上“门牌号”，也就是标签。

标签的形式有很多，你可以买标签纸然后手写，也可以选择现成的贴纸，还可以用自己喜欢的素材制作独一无二的标签，甚至可以购买一个标签机，直接打印标签。无论用哪种形式制作标签，都是为了达到公告、提醒的效果，这一点是不变的。

对于常用的物品，如果哪一次没有将它收回原位，过几天就可能会消失得无影无踪；偶尔才用到的东西更容易被遗忘，等你翻箱倒柜找到后，又会忘记刚刚是从哪里找出来的。我们的大脑记忆能力有限，因此，适时利用标签提醒自己每一个小东西的“房间”在哪里是非常重要的！

将特别的日子用标签或自己喜欢的符号标记出来

利用标签机的烫金功能制作自己的专属手提袋。没有这个功能也无妨，用直发夹也能做到

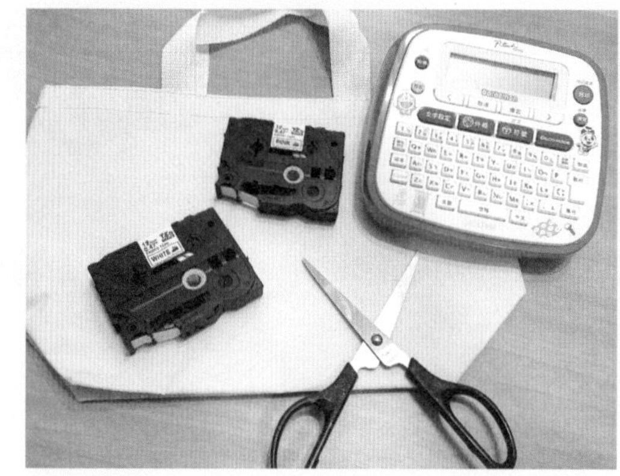

逢年过节，可以利用标签机在缎带上打字，显示自己的用心

让人头疼的瓶瓶罐罐

我曾经听一个男性朋友说，他都不敢乱碰自己女朋友的梳妆台，因为一不小心撞倒任何一瓶，就会像打保龄球一样撞倒一桌的瓶瓶罐罐，后果不堪设想。的确，商场里的护肤品和化妆品琳琅满目，女孩子的床头柜、梳妆台、卫生间镜子前的瓶瓶罐罐数量也很惊人，甚至会多到让人忘记某一罐的作用。

我从前几年开始只用清水洗脸，有需要时才会卸妆。我还尝试过两个月不用洗发水，只用清水洗头。自从用清水洗脸后，我的梳妆台上只剩下了一瓶化妆水、一瓶乳液、一罐凡士林、几片面膜。

每样产品只保留一份

皮肤自身会分泌油脂，当你只用清水洗脸时，反而会觉得脸不像以往那么干燥了，也不需要涂抹太多护肤品了。我只在冬天用一点点凡士林加强保湿，因此也省下了很多钱！如果你不需要化妆，我建议你也试试。

许多人因为工作的关系需要化妆，那样就务必做好卸妆，应该用的产品还是要用，这样才能将皮肤彻底清洁干净。我也有需要化妆的时候，但我的化妆品只有一瓶粉底、一盒眉粉、一块腮红、一支有颜色的唇膏、一支眼线笔。我喜欢简单的妆容，并且非常清楚自己适合什么，所以同一类产品只需要一件就够了。在我梳妆台上的护肤品中，最快用完的通常是凡士林，其他的护肤品和化妆品通常几年都用不完，除非过期，否则我也不需要买新的。

化妆台上只留下需要使用的护肤品，每种各一罐，用完了再补充就好

＊将常用的物品放在顺手的位置

我认为，与其花大把时间护肤，不如早点儿睡。如果你确实无法对那么多护肤品与化妆品做取舍，立志要当“美妆小白鼠”，想尝试所有的护肤、美妆产品，那么我建议你将试过后觉得好用、几乎会天天使用的产品归为一类，然后将这类产品摆在最方便拿取的位置，而且同类型的产品只放一个就够了。另外，将你觉得挺好用但是不需要天天使用，如参加派对、需要变装时才会用到的产品放在抽屉或柜子里，摆放位置不要高过头部太多，以免使用时要花过多时间和力气才能拿到。最后，将那些不好用、不喜欢、质地不适合自己的产品全数送出家门吧！

Before

×

Ⓐ 物品倒的倒、歪的歪，不方便找且不易清洁

Ⓑ 不属于梳妆台的物品太多，如信件

After

√

Ⓒ 化妆品及护肤品基本上可以直立摆放，这样既节省空间又方便拿取

Ⓓ 分类后梳妆台看起来整齐了许多，将各种类型的护肤品数量精简到每种只留一瓶

梳妆台上原来有很多偶尔使用的产品，囤货、试用装也很多，且没有分类，整理之后只留下常用品，其他的都收进抽屉里

依照使用频率确定电器位置

除了电视机、冰箱、洗衣机等大型且不容易改变位置的电器，我们可以将家中其他电器分为三类：季节性电器，偶尔使用的电器，经常使用的电器。

以卷圈的方式收电线可以延长其使用寿命

另外，电线的收纳也很重要，散乱的电线会影响美观。除了将电线卷成圈，还可以利用收纳盒将外观不好看的电线隐藏起来，但不要使用纸箱，否则容易产生走火的危险，也不要用对折的方式收纳电线，否则易造成电路损坏。

＊季节性电器

像电风扇、电暖器这种一年中只有一部分时间会使用的电器，可以放在不好拿取的高处或深处，如储藏室、仓库或是很深的柜子里。因为很久才需要取出一次，取出后又不用马上归位，所以将这类电器放在这些地方不会造成太大的麻烦。

收纳重点：

1.不常用的物品，重的往下放，轻的往上放。

2.使用频率高的物品放在高度在头部到腰部这个范围内的柜子里。

3.大型物品直接收起，小型物品利用收纳筐或纸箱集中后再收起。

4.琐碎的物品分类后再收纳，并在收纳工具上做好标签，以便寻找。

5.同类物品尽可能放在同一个区域，这样不会因放久了而遗忘，还方便他人寻找。

＊偶尔使用的电器

烤箱、榨汁机、松饼机、电磁炉、挂烫机等都属于偶尔使用的电器，如果家里没有储藏室收纳这些电器，可以先将这些电器放到它们应该在的空间。比如榨汁机、松饼机可以放在厨房，电熨斗、挂烫机则放在更衣室或卧室。

＊经常使用的电器

吹风机、直发夹、笔记本电脑、肩颈按摩器等经常使用的电器，除了要放在经常使用的空间里，还要为这些物品找到固定的“家”，让它们有一个专属位置。

Before

×

Ⓐ 不要使用橡皮筋绑电线，因为时间长了橡皮筋会老化、变黏

Ⓑ 电线任意散布会打结并占满桌面

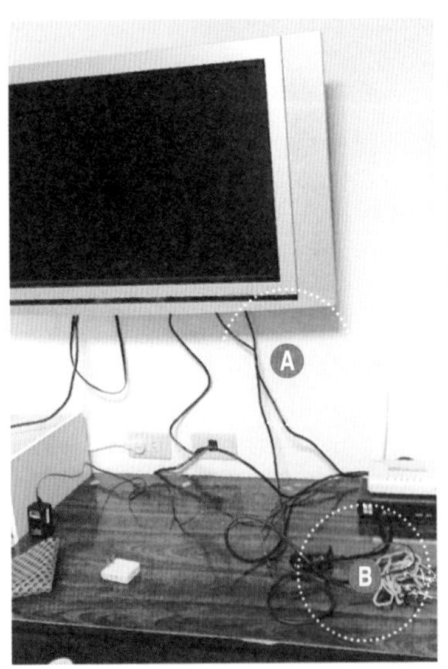

After

√

Ⓒ 将电线用束带等收纳工具绑在一起

电子配件巧收纳

我们经常听到老公抱怨老婆有一堆化妆品，其实老婆也常抱怨老公总是沉迷于电子产品。很多人的家中都堆积着各种插头的电线并且布满灰尘，可又觉得不能丢，以后还用得到！

* 不能用的就扔掉

杂物堆里永远不缺缠绕在一起的电线、多到自己都分辨不出用途的转换接头、各种品牌的充电器。已经无法配对的电线和已经停产的旧手机，即使手机里面还有重要资料，想必也无法开机读取了。赶紧把这些不能用的产品扔掉吧！

淘汰的电子产品能去哪里呢？少数还能用的可以转送或转卖，已经不能再用的可以回收，因为它们还有许多可再利用的元件，如电池、屏幕等。

* 逐一分类，方便寻找

你可以依照使用频率将电子产品及配件分成三类：最常用的是产品本身，如手机、笔记本电脑、游戏机、音响等；偶尔用的是充电设备，如充电头、移动电源、数据线等；不常用的是配件类，如手机支架、外接音箱、转接线、耳机、遥控器、游戏手柄等。

* 不断更新

添购新机后，最好将旧机与无法继续使用的配件全部淘汰，可以继续用的配件也不要保留太多，比如电线，因为电线也有寿命，许久未使用的或用了太久的电线都会出现老化现象，所以有了新的后，最好将旧的淘汰。相信我，若没有控制好电子产品的数量，你的家很快就会“爆炸”了！

＊利用标签找回记忆

我们常常搞不清楚那么多长得差不多的电线和插头到底哪一个是自己需要的，这时候就可以发挥标签的作用了。可以利用透明袋收纳这些线材和插头，并在袋子外贴上标签，标上名称及与其配套的产品，还可以标上购买日期，方便自己评估其是否需要更新。

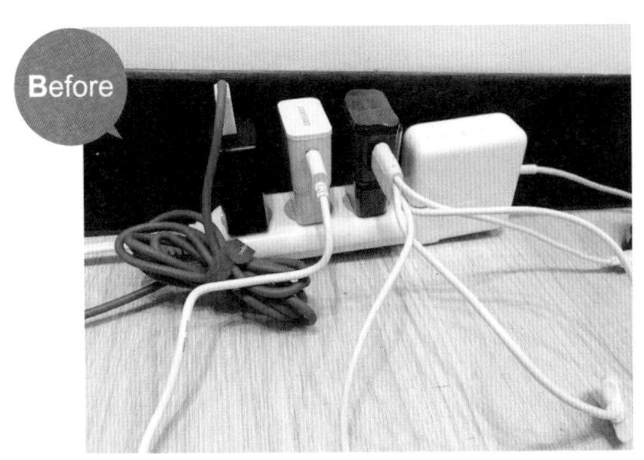

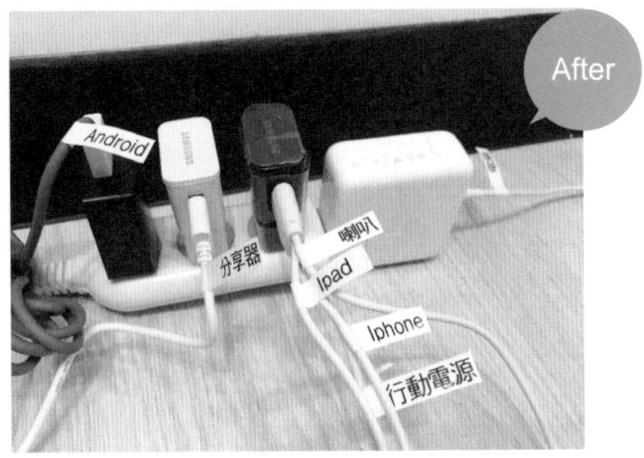

对电子产品不熟悉的人，可以通过贴标签的方法来区分它们

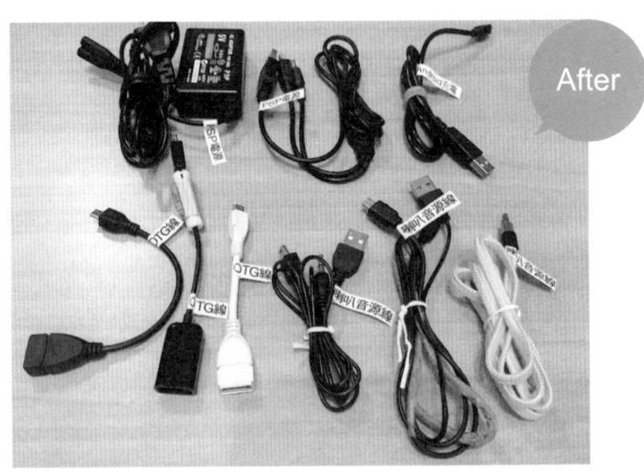

将家中所有的电线集中起来，淘汰过时的和功能重复的

配饰轻松收纳

每个人都有许多配饰，但配饰大小不一，难以收纳，整理起来十分困难。其实，只要好好分类，善用小工具，就可以轻松收纳配饰了。

有些配饰本身的包装盒很精美，且保留盒子也有利于日后转卖，因此，对于这类饰品，我们可以连盒子、保修卡等一起收纳。另外，我建议收纳前先将配饰分类，比如分为首饰、发饰等，然后分别找到适合的地方摆放或展示它们。

* 手链、项链、戒指

如何给饰品分类，取决于你会如何佩戴它们。你平时是成套佩戴，还是喜欢混搭？是经常佩戴，还是只在特殊场合戴？根据你习惯的佩戴方式和饰品的数量来决定购买什么样的收纳工具吧。

我只有两副耳环、两枚戒指、一条手链和一条项链，手链和项链都是天天戴不离身，因此平时我会将这几样东西分别用收纳袋装起来，再用一个小铁盒就可以全部收在一起。因为我的饰品数量很少，所以不怕收在一起后会找不到。

按照类别摆放更方便寻找，按照品牌陈列能够增强视觉效果

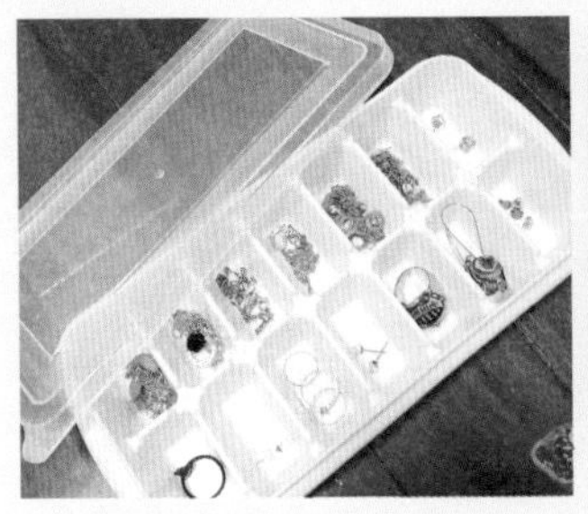

用冰块盒、洗碗海绵、小收纳袋等工具收纳小饰品

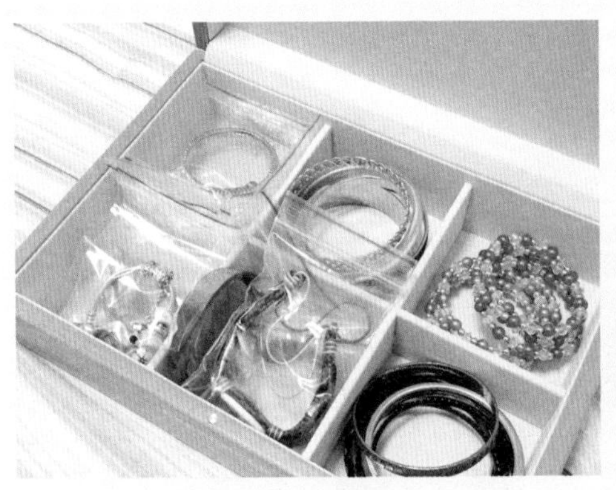

用喜饼盒、饼干盒收纳稍大一点儿的饰品

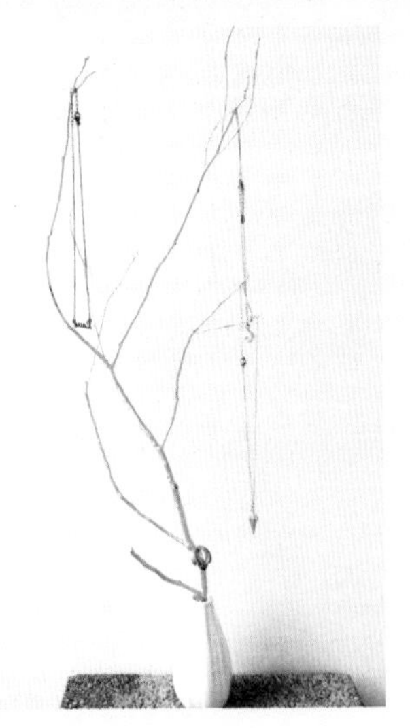

将饰品打造成室内装饰

专门收纳腰带的工具

✻ 围巾、丝巾、披肩、帽子

围巾、丝巾、披肩、帽子等饰品有厚有薄，有素雅的也有色彩鲜艳的，还有长有短，因此，按照任何标准分类都是可以的。分完类，可以利用抽屉、衣架、收纳筐、网格架等工具将它们收好。

可以用衣架与夹子收纳帽子，也可以用右边这种固定衣架来解决左边这种方法可能会产生的因重量不均衡而堆在衣架一侧的问题

将喜欢的围巾、丝巾、披肩全部展示出来，既美观又方便拿取

鞋子千百款

我只有两双高跟鞋、两双平底鞋、一双运动鞋、一双休闲鞋，因为我不喜欢穿拖鞋，所以干脆不买拖鞋。鞋子的数量少了，就可以减少很多收纳的烦恼。

长靴可以收在这种透明收纳盒内平放

不过，每个人对于数量多少的定义不同，所以不需要过分看重数量，只要不影响你的生活，基本上有多少双鞋都没什么问题。

许多人因为职业或喜好，拥有很多鞋子。如果是这样，我建议先将鞋子分成常穿、特殊场合穿和收藏品三类，然后淘汰一些款式重复的，最后再收纳。这样还可以帮助自己在出门时快速做出选择。

将漂亮的鞋子展示出来比将它们放在鞋盒里更好

将不常穿的鞋子放入收纳盒，并在盒外贴上照片，方便寻找

包包大集合

我建议为每一个包找一个独立的空间。我常看到有些人采用大包装小包或是硬包装软包的策略来收纳包包，可长此以往，藏在里面的小包和软包就很容易被遗忘。

采用直立式收纳的效果

软包可以用杂志撑住，将其立起来收纳，照片中是用纸袋进行收纳的

药品到底要不要

药品是家家户户的必备品，当然需要储备一些，但我服务过的家庭几乎每家都有满满一抽屉的药品，甚至更多，这就没有必要了。药品和食品一样有保质期，不要为了方便而一次性大量储存。

＊保留药品的包装盒与说明书

一般家庭的常用药大概有以下几种：感冒药、退烧药、止疼药、抗过敏药、肠胃药、眼药、一般外伤用药、晕车药等，可能还有一些处方药，如降压药。

我建议将非处方药的包装盒与说明书保留下来，以便按照指示的剂量和时间服用。对于处方药，我建议根据医生的处方剂量购买并保存处方，不建议提前购买。

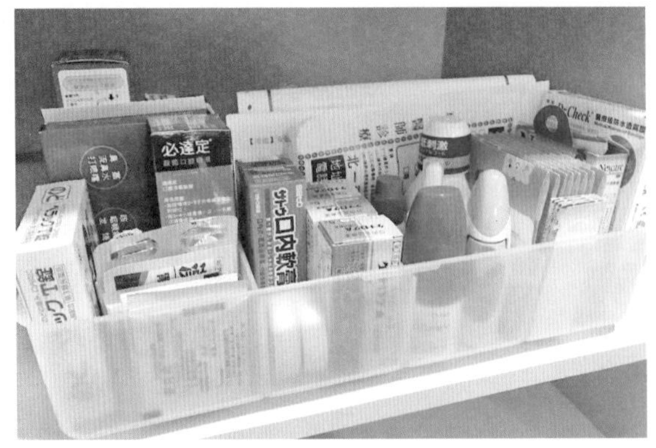

将药品分成内服、外用等类别，并用收纳工具隔开

✻ 定期补充与淘汰

药品都是有保质期的，放置太久的药即使没有打开过，也可能受潮或变质，所以切勿一次囤积太多药品，并且要将药品放在抽屉或是不透光的药箱里，避光保存，并保持干燥。

另外，你还需要经常查看一下自己的药箱，定期整理并淘汰过期的药品，补充需要的药品。

✻ 药品收纳的注意事项

收纳药品时必须将如下四种类型的药品分开放置，以避免意外。

1. 将外用药和内服药分开。
2. 将儿科药和成人药分开。
3. 将急救药和常备药分开。
4. 将易使人产生过敏反应的药与其他药分开。

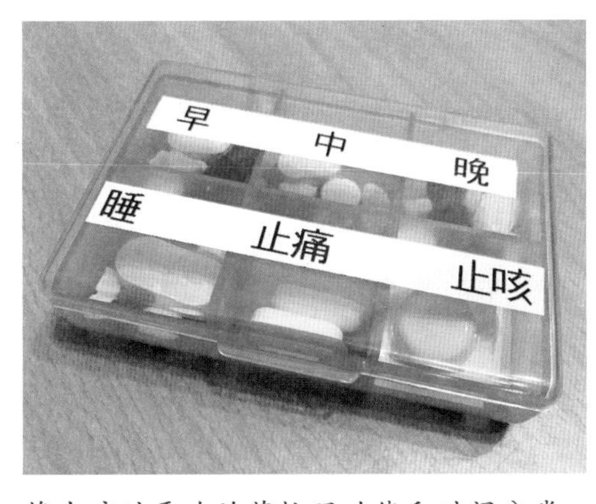

将生病时要吃的药按照功能和时间分类，并贴上标签

常备药不需要太多

纪念品存在的意义

每个人的成长过程中，一定会留下一些有纪念价值的物品，如信件、照片、奖牌、奖状等，这些纪念品往往一不注意就积攒了好几箱。每次搬家时，我们都会将它们原封不动地搬走，然后放在角落里，甚至都没有打开。我们应该如何收藏这些纪念品呢？

* 信件能简则简

信件分许多种，有账单、贺卡、请帖、明信片、书信等，虽然每一封都是为你而来，信封上都有你的名字，但功能大不相同。因此，我们依然得先分类，找出哪些是需要一直保存的，哪些是看完后就可以扔掉的，哪些是可以无纸化保存的。

我建议信件能简则简，用手机或相机拍照存档为好。

这是我在学生时代与朋友、家人的往来信件，我全部用相机拍照存成了电子文件

* 只留最完美的那一张照片

很多人拿照片一点儿办法都没有，因为照片代表了过去的回忆，也记录了人生的某一个阶段，它们往往是最难以被舍弃的物品。既然丢不掉，那就留着吧，但并非得全部留着，只留下精挑细选后的那张“代表作”即可。

你可以将所有照片集中起来，先按照年份与事件分成几堆，再将同一时间、同一地点、同一群人拍的照片比较一下，只保留1～3张角度最美、光线最好、笑容最迷人的照片。那些眼睛睁了一半、姿势不雅、曝光过度的照片就赶紧扔掉吧！

我喜欢将记录重要时刻或事件的照片冲洗出来，做成相册，逢年过节给家人、朋友看，或当作礼物送出，既有心意又有意义

×

√

同一个地点、同一群人拍的两张照片，我只保留了人物表情比较清楚的那张

＊经历比物品重要

小学运动会接力赛的奖牌、参加儿童合唱团的奖杯、第一次到音乐厅表演的入场证、从小到大的各种奖状、第一封情书、第一次旅行的票根、马拉松完赛证书等各式各样的人生里程碑的确非常值得留念，每一样都让人舍不得扔。

如果做一个这样的假设：有一天，一把大火即将烧光你所有的东西，你想带走什么？是上述的人生里程碑吗？我想你会把它们排在后面吧，因为即使那些东西不在了，也不代表你没有那些经历。失去这些物品并不会让你失去过去的经历，物品的意义是人赋予的，你必须想清楚这一点。对你来说，更重要的到底是这些物品，还是你的记忆和它们的意义呢？

重要的奖牌可以用吊挂的方式收纳

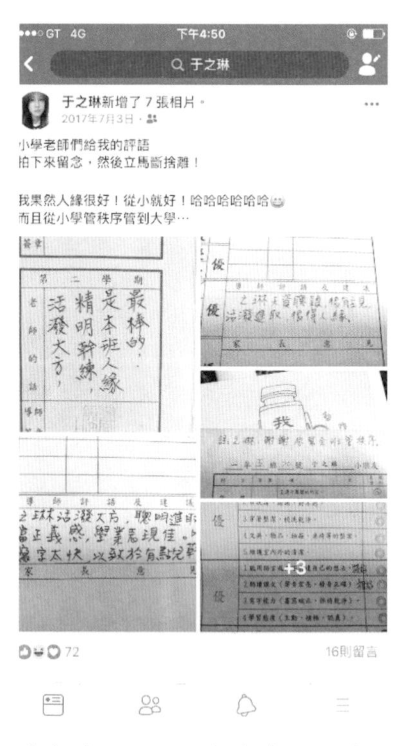

我会将小时候的成绩单上传到网上，偶尔回顾，这样就足够了

✻ 孩子的成长纪念

孩子出生时的脚印、第一次走路的照片、第一次喊妈妈的影像、第一天上学的入学证……这些孩子成长的印记，对于家长而言都是非常有意义的。可孩子每天都在长大，成长的纪录会多到放不下，这些珍贵的纪念应该如何割舍呢?

爸妈们可以想一下，你们还找得到小时候的美术作品吗？在搬到结婚的新房时会带着小学短跑比赛的奖牌吗？你们从小到大的奖状在哪里，上一次拿出来看是什么时候？其实，这些物品也许早就不在你们身边了，但无论什么时候，你们与父母谈论起小时候的事时，都记忆犹新。对父母而言，物品的丢失完全不会影响他们的记忆，对吗?

如果你真的想保存孩子的作品，可以将最优秀的那几样留下来，其他的拍照存档即可。你也可以规划一个展示柜，只保留孩子到目前为止最棒的作品，并经常更新，因为孩子的作品只会越来越好、越来越多。如果你一味留着大量孩子年幼时期的作品，当有人到家中做客看到时，已经长大的孩子可能还会感到非常难为情，巴不得家长赶快把这些东西处理掉呢。

✻ “传家宝”易造成孩子的负担

我遇到过一位母亲，她非常特别的一点是，只要是她自己的照片一律扔掉，无论是小时候的黑白照，还是年轻时的艺术照。她说：“在我死后，这些照片会让我的孩子们非常困扰，他们会不舍得扔掉这些照片，但又不可能一代代地永久保存下去，因为照片只会越来越多，所以还是由我自己处理掉比较好！”

的确，许多物品在你看来极为珍贵，但在其他人眼里却是不值钱的。当自己还可以选择的时候，用自己能接受的方式将它们处理掉，比自己不在之后让它们变成垃圾被丢弃或是造成家人的负担更好。

✻ 云端存储是趋势

电子化存档快捷、环保又不占空间，我们可以将文件上传到云端，同时在硬盘上备份。电子数据不会泛黄也不会损坏，如此存档一举多得。

【小试身手Ⅱ】

从钱包开始整理

家里干净整齐，人才会住得舒服，才会想待在家中。钱也一样。钱也要有“家”，而且是一个舒适的家。如果钱“觉得”这是一个好地方，不仅不想走，还会找朋友一起来住。没有开玩笑，这是真的！理财理财，就从理你的钱包开始吧！

在整理家之前，不妨小试牛刀，试着用整理的诀窍来收拾自己的钱包。

我建议用长钱包，因为这样就可以让钞票优雅、平整地躺在里面了。你对钱好，钱自然不会“亏待”你。

当然，最重要的是选择自己喜欢的钱包款式，因为用自己喜欢的东西才会开心，才会珍惜。拥有一个喜爱的钱包之后，再来学习应该如何整理钱包吧！

不用在意钱包是长还是短，选择一个自己喜欢且实用的款式就好

＊第一步，清空钱包

整理前必须把钱包清空，将钱包里的东西都倒出来，然后看看自己的背包里和衣服口袋里还有没有零钱。只要是钱、发票等应该放在钱包里的物品，就全部集中起来。集中后开始做分类，例如分为纸币、硬币、发票、证件、信用卡、会员卡、优惠券、积分卡……

＊不放大额钞票

你有没有发现，花掉一张100元的钞票不疼不痒，但如果花掉了十张10元的钞票就会感觉有点儿慌张。只放小额钞票能让人感觉花钱的速度“更快”，自然就会控制一下。

＊只留第二天需要的钱

你还可以估算一下自己一天会用多少钱，然后在钱包里就只放三餐、车费等第二天会用到的钱数，这样也能避免不必要的花费。

＊优先使用硬币

结账时多花几秒看一下硬币够不够，尽可能先把硬币用掉，这样既能减轻重量，又便于收纳。

＊钱包有夹层或拉链袋更方便

有夹层或拉链袋的钱包可以将硬币、纸钞等不同种类的物品分开装。如果没有，也勿将硬币与纸币放在一起，我建议最好另外找一个小包专门放硬币。

我的钱包体积不大，但有夹层，可以同时放钞票、发票等不同类的物品

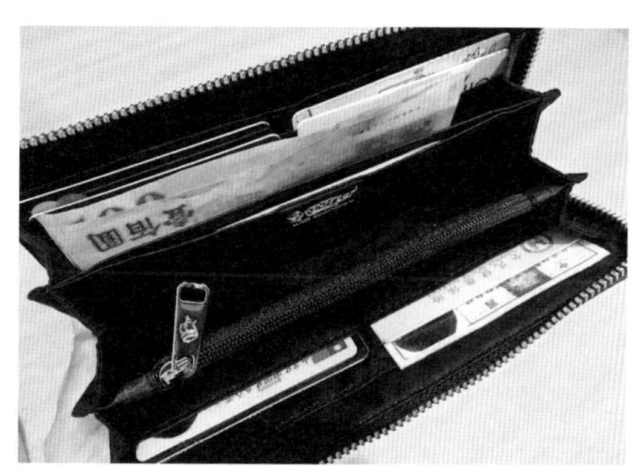

钱包、皮夹一般有夹层，可以将钞票、信用卡、各类证件依序分类放入，使用时就能快速找到需要的物品了

＊每天整理发票

每天回家后，顺手把发票拿出来记账，这样你可以更清楚当天的开销，就不会发生类似“钱莫名其妙就不见了”的“灵异事件”了。记住，记账后，将没用的发票直接扔掉。

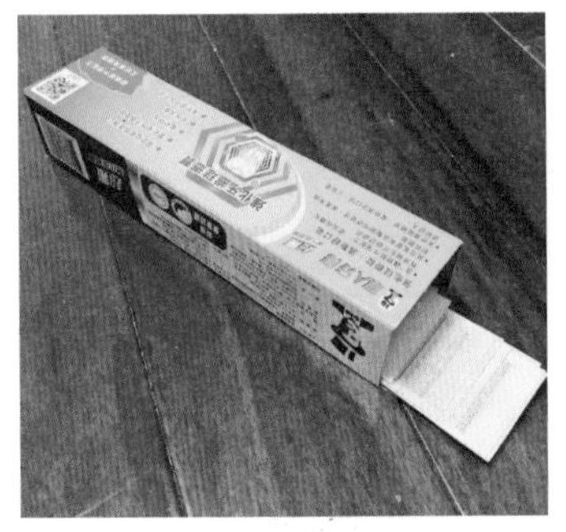

可以将需要保存的发票收在牙膏盒里

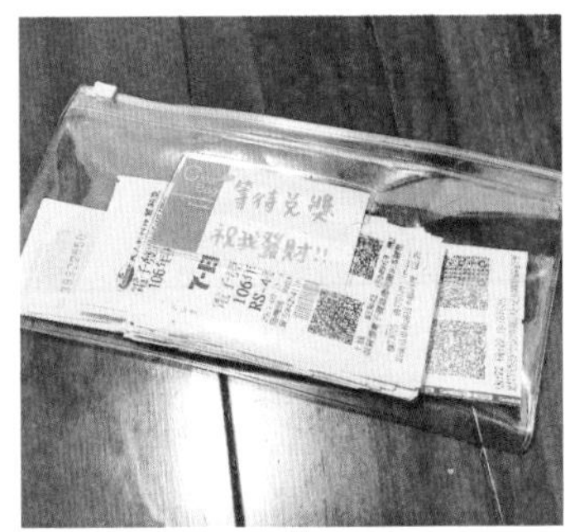

可以将有用的发票按照月份分类，并收在透明袋中

＊向积分说再见

结账时，店员通常会问你需不需要积分，我基本上会说“不”，因为那些积分会让我花更多钱！明明只需要买这么多，却因为店员说差28元就可以多积一分，又买了巧克力。这种让人后悔的事我做过几次，但现在我会提醒自己，家里不需要这些物品，然后果断拒绝店员。

＊将重要证件放入钱包

将身份证、社保卡、驾照这类重要证件放在钱包中更方便，而学生证等重要性次一级的证件可以依照使用次数来决定要不要放在钱包里。

我还有一个小心得想和大家分享：若你独居且养宠物，建议你在钱包里放一张小卡片，写上如果你不小心遇到意外时可以联络的人，这样至少出事后会有人帮你照顾家里的宠物，不会因你的意外情况导致家里的宠物饿死。

＊需要时再带信用卡

我建议有特定行程时再把合适的信用卡带在身上，平时不带或只带一张常用的信用卡即可。我几乎不使用信用卡，也不随便刷卡。钱包里没钱了就不消费，这是保证自己不乱花钱的方法之一。不常用的信用卡更不需要天天放在钱包里，有需要时再带，否则遗失后重新办理也非常麻烦。

＊尽量使用电子会员卡

有些店铺可以通过报电话号码或用手机出示二维码来验证会员身份，如此就不需要一直将会员卡放在身上了。

＊只要经常光顾的店的优惠券

不常光顾的店家发给你优惠券时不要拿，同样在优惠券使用期限内确定不会光顾的店家的优惠券也不要拿。平时只拿真的会用到的优惠券，然后将它们放在显眼处，提醒自己下次结账时使用。

＊整理名片方法多

我觉得名片是可有可无的物品，因为我们可以用手机加微信、拍照存档、上网查询等很多方式代替名片的功能。若真的无法割舍拿名片这个动作，我推荐大家先存下对方的姓名、电话，然后直接拍下名片，当作对方的来电头像，这样即使遗失名片也不必太担心。

＊整理不难，但不能偷懒

最后，我要提醒大家，钱包里只放真正需要的物品，用不到的就别放在里面占空间，并且要定期整理。适当放入自己喜欢的招财小物或某某人的照片当然是没问题的。在看这本书的你想必也希望为自己带来一些改变吧，那么，就从钱包开始整理吧！

第六章 6

理智选购收纳工具

很多人整理后没多久家就又变乱了，造成这种情况的最主要的原因是收纳前没有进行物品筛选，直接买了许多收纳工具，以“眼不见为净整理法”将物品放入收纳箱中。

这一章里，我除了会教大家如何挑选收纳工具，也要向大家不断重复一个至关重要的理念：物品少了，根本不需要收纳工具。

避免恶性循环

当家中物品太多时，许多人就会想到去买一些收纳盒；当他们发现收纳盒还有空间时，就会继续买东西填满收纳盒；等到收纳盒都被装满时，又去买新的收纳盒……如此循环，导致家中的收纳盒越来越多，空间却越来越不够用。请大家记住这句话：没有太小的家，只有太多的物品。住在小户型中的人也可以有很大的空间，住在大房子里的人也可能因家中物品太多而感到空间不够。收纳工具不加限制地持续增加，会导致家里的空间被压缩。

你想过清理家中的收纳工具吗？我家里的收纳工具就非常少，因为我尽可能只让必需品出现在家中。当物品变得非常少之后，我们自然也就不需要太多收纳工具了。因此，我建议大家将收纳工具中的物品全部倒出来，然后仔细审视每一样物品，你会发现，其实很多物品是无用的。

在还没整理之前就买一堆收纳工具，只会让家中的物品越来越多。因此，在购买某一样物品前请谨慎思考：真的需要把它带回家吗？

淘汰无用的物品之后，你会发现家中多了许多空的收纳工具

即使需要买收纳工具，也必须在整理之后，量好尺寸再选购

一次买齐同款收纳工具

购买收纳工具之前，必须先明确自己的需求，量好尺寸后再去购买。假如你想添购鞋柜，要先让所有的鞋子“排排站”，然后淘汰不合脚、不喜欢、款式老旧的鞋子，最后看看还剩下几双。如果还剩下15双鞋，就添购能容纳15双鞋的鞋柜。倘若已经买了鞋柜，那么就试试根据现有的鞋柜大小来控制鞋子的数量吧。如果现有的鞋柜只能放得下10双鞋，那么请从现有的15双鞋子中挑出10双最喜欢、最常穿的鞋子，将其他的淘汰。

收纳工具要尽量一次买全，许多人因为预算或其他原因倾向于分批买，我是不建议这样做的。分批买既容易导致无法一次收纳到位，也容易因再次购买时发现价钱不同而选购不同系列的工具，导致家中收纳工具款式太杂。

如果你还是没想明白为什么要先整理、筛选，再购买收纳工具，那就再看看我在本书开头给大家讲的那个故事吧。

C想整理家。他先把物品分类整理好，确定好物品的数量和尺寸，再去买收纳工具，最终轻松收纳，每类物品都有专属的位置。

D也想整理家。他先买了收纳工具，买回收纳工具后，再决定放什么进去。结果买了不合适的收纳工具，许多东西装不进去！

灵活运用收纳工具

很多人挑选收纳工具时，总是过分拘泥于商品的名称，其实衣柜不一定只能放衣服，光盘架也不是只能收纳光盘，有时候发挥一点儿创意会有更多惊喜。我推荐的收纳工具有伸缩杆、“П”形架、网格架、碗盘架等。希望我的方法可以激发你的灵感。

“П”形收纳架能够解决层板太高造成的空间浪费问题

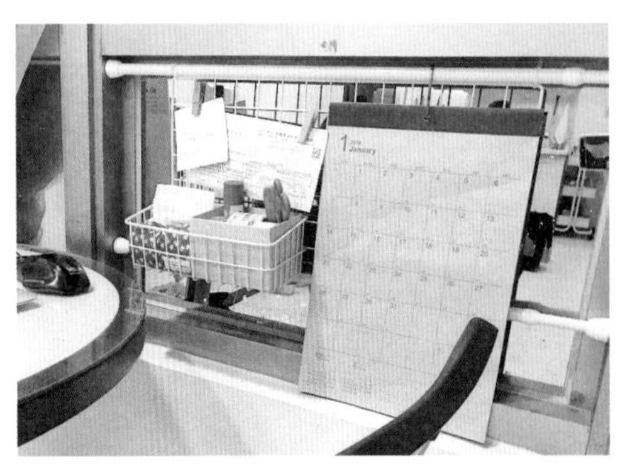

网格架 + 伸缩杆，适合卡在窗边做收纳架

伸缩杆 + 碗盘架，适合收纳光盘或桌游

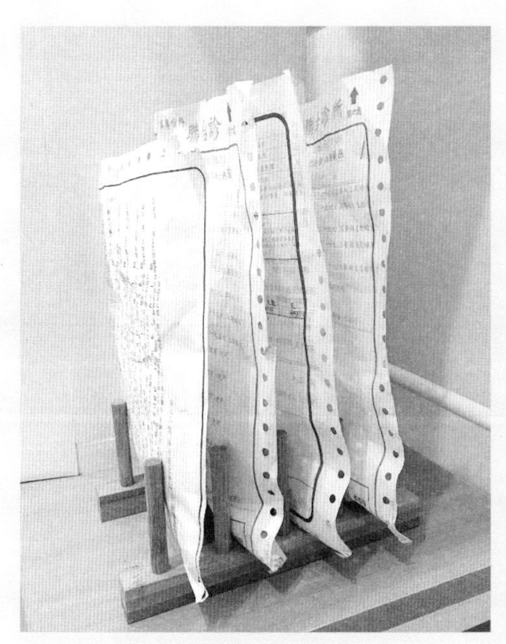

可以将药品包直立放在碗盘架上

网格架 + 碗盘架，可以放在玄关处，用来挂帽子、钥匙等物品

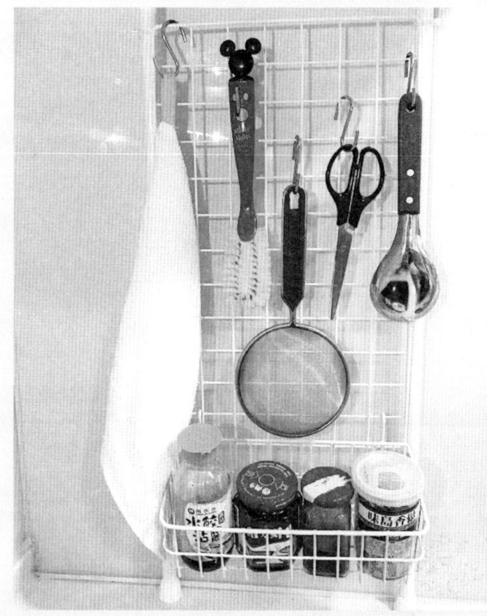

网格架 + S 钩 + 伸缩杆，适合挂较轻的物品

挑选收纳工具三步走

整理完所有物品后，将要留下的物品中的同类物品集中在一起，确认这些物品的长、宽、高，然后挑选合适的收纳工具存放它们。一定要量好尺寸再买，以免买回家后才发现收纳工具的尺寸不合适。

收纳工具的材质与样式可依照个人喜好来决定，以下三个原则应该能帮助你挑选。

* 白色清爽又百搭

除非家里的装修风格特别，或是你有独特的色彩美学修养并能驾驭各种颜色，否则我建议大家在购买收纳工具时一律挑选白色的。白色看上去清爽、干净，而且百搭。有些人偏爱透明的收纳工具，那么我建议用透明收纳工具时一定要将里面的物品摆整齐，不然看起来会和没收纳一样杂乱。

白色收纳盒清爽又百搭

＊同品牌、同款式

购买收纳工具时千万别被价格影响，虽然一次性买齐会花不少钱，但如果因为一点儿差价而未全部买同一个品牌的同款商品，那么回家后堆叠组合时，你会发现尺寸不合、看起来不够整齐等问题。简单来说，你会后悔的。

用同品牌、同款式的收纳盒可以使空间更整齐

＊塑料制品方便清洁

收纳工具的材质有很多，如藤、竹、纸、布、木头、塑料、金属等。其中，藤、竹制工具表面不平滑，不易清洁，容易卡灰和发霉；纸制工具怕潮湿，也容易滋生细菌；布制工具怕潮湿，易褪色；木制工具怕水，易发霉。因此我建议选择塑料工具，它们既轻巧又方便清洁，不怕水，不会发霉，在外面贴标签也不会损伤它们，而且价格相对便宜。

租房也能美美的

大部分房东是不允许租客在墙面上钉钉子的，还有些房东会要求保留家具，即使你并不喜欢这些家具。难道租房就只能忍受不合心意的居住环境吗？不！房子是租的，但生活是自己的。选房子时，有以下三个技巧可以帮你判断房子的好坏。

* 留意光源

影响房子氛围的一大要素是光源。屋内的灯光能不能改变颜色，室外的光线从哪里来，会不会被家具挡住……这些都是你要考察的地方。

屋内采光非常重要，住采光佳的房子，不仅可以省下不少电费，还能营造出理想的生活氛围

✻ 大型家具的预留位置

进屋之后先环顾四周，看看你计划带来的大型家具可以放在哪些地方，是否放得下。之后再看看房东的家具，这些家具是固定的还是可以移动的，若是你不喜欢或不需要，要问一下房东可否将它们移走或扔掉。如果不可以，想想你有没有办法找到合适的空间将房东留下来的家具收起来。

✻ 改造的难易度

若是房东留下来的物品既无法收起来，也不能移除，那么房东允许你改造到什么程度？你可以与房东沟通一下具体的改造方案，如能不能在老旧的柜子上贴“新皮”，搬走时需不需要恢复原状，能不能改变沙发套的颜色等。这些都能够帮你判断这个房子是否能够被打造成你喜欢的风格。

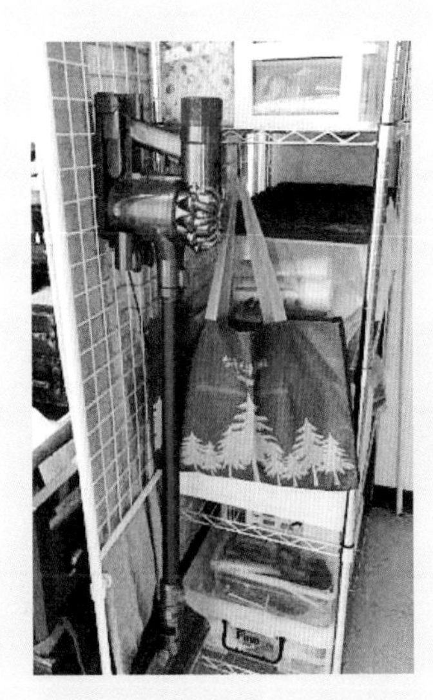

无法钉钉子的活，可以利用网格架收纳

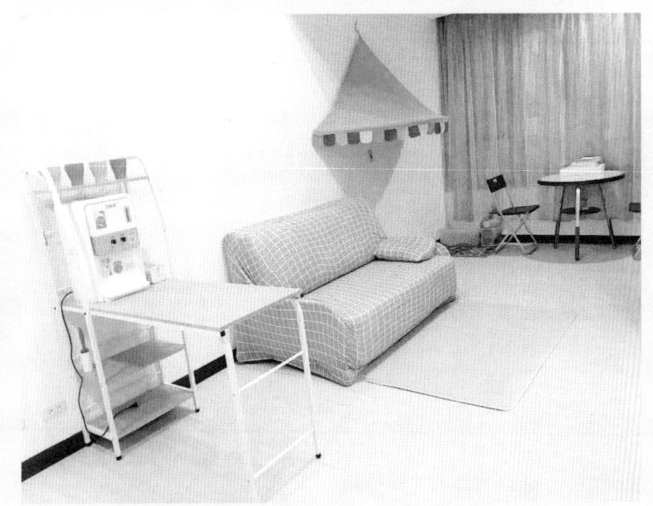

利用沙发套、地毯、窗帘等装饰，打造自己喜欢的居家风格

第七章

儿童物品整理技巧

谁说有孩子的家一定很乱？其实孩子的物品不难整理，只要用适合孩子的家具或收纳工具，就可以让每一样物品轻松归位。

父母必须帮助孩子建立良好的整理收纳习惯，不同年龄段的孩子适合不同的方法，我将分别讲解。此外，安全性也是整理儿童物品时必须考虑的。不过我要提醒大家，一切整理都要在不影响亲子关系的前提下进行。

堆成小山的孩子衣服

小孩每天都在长大，即便知道孩子很快就会穿不下这些衣服，在看到小巧可爱的童装那一刻，家长还是会不自觉地掏钱。父母和其他长辈应该如何控制孩子衣服的数量，让孩子美美地、帅帅地长大呢?

* 不为将来买衣服

孩子生长发育的速度很快，这使我们在逛街时即使看到不符合孩子当下体形的服装，也会幻想着他们以后穿上肯定很可爱，于是预先买下尺寸大一点儿的衣服。殊不知真正到了“以后”时，往往要么是孩子成长速度超乎你的想象，要么是当时买的衣服已不再符合你的审美，要么是由于环境潮湿，衣服早就泛黄不能穿了。

小孩的衣服小巧可爱，只要花点儿时间好好叠，就可以将衣服妥善保存，但最重要的还是不要储存太多，不为将来购买

✻ 精挑细选

家长为孩子挑选衣服时都是非常讲究的，甚至还会购买专用的无添加洗衣液、有机皂来清洗衣服。即使这样，我还是要再次强调，一定要留意衣服会不会褪色、是否亲肤、弹性如何等细节，为宝贝精挑细选，不要为了凑折扣或仅仅因为好看就购买许多不会穿第二次的衣服。

✻ 让衣服“流动”起来

我常常听长辈说，小孩要穿别家孩子穿过的衣服才比较好养。先不讨论这话到底有多少科学依据，但穿过的衣服确实会因为洗涤过而更柔软。

当你家有孩子不穿的旧衣服时，可以想想周围有没有合适的家庭可以接收，但请务必考虑到对方孩子的年纪与身形，将八岁孩子的衣服硬塞给两岁的孩子，是非常不贴心的行为！不要让你的好意变成别人的困扰。请记住，不要把你舍不得扔的东西硬塞给不需要它的人。

如果有别家孩子穿过的衣服可以接收，确实是一件好事，但是许多人常常接收了一堆衣服后就把它们放在某处直到忘记，等到再想起来时孩子已经穿不下了，徒增一堆垃圾不说，还辜负了他人的美意。因此，当你收到一袋袋旧衣服时，请务必一件一件地拿出来，先按照季节和尺寸分类，再预估一下孩子可以穿的时间，这样就可以在需要时快速找到合适的衣服了。若是家有二宝，也需要先考虑一下两个孩子之间的年龄差距，不要将旧衣存太久。

* 孩子衣柜的抽屉不要太深

不到三岁的孩子尚没有自主挑选衣服与穿搭的能力，即使看似在挑选也是以玩乐为主，他们会把衣柜弄得乱糟糟的。因此，不要让年纪尚小的孩子自己挑选衣服。

我整理过很多家庭的衣柜，有些老式的衣柜没有抽屉，只有吊杆与又高又深的夹层。若你家中的衣柜也是这样的，建议量好尺寸后购买组合式抽屉放在夹层里或是吊杆下方。如果你想充分利用空间，绝对少不了抽屉，尤其是孩子的小衣服，挂起来实在是太浪费空间。

与孩子共享衣柜的父母，如果房间里已经没有空间添置衣柜，建议让出一小部分单独的衣柜空间给孩子，让他们的衣服拥有自己的空间。当你发现抽屉里已经没有多余的空间可以放衣服时，说明孩子的衣服已经够穿了，别再购买了！而空间足够的家庭可以选购组合式、可移动的柜子放置孩子衣服，小配件则可以利用小格子分类摆放。

另外，孩子的衣服比较小，所以抽屉的高度为放成人衣服抽屉高度的三分之二就可以了（20～30厘米之间）。

利用真空袋收纳孩子的蓬蓬裙可以省很多空间

孩子的衣服比较小，抽屉不要太高

＊利用标签培养孩子的收纳意识

等孩子到了能够区分上衣、外套、裤子、内裤、袜子等不同类型的衣服的年纪时，家长叠好衣服后，要让孩子自己将衣服放入抽屉，从简单的“放进去”开始培养孩子的收纳意识和自主整理的良好习惯。家长可以在抽屉外面做一些孩子看得懂的标签（图示最好），以此来增强孩子对衣服的认知能力。

另外，我建议使用口袋叠法来叠孩子的衣服，这样就不必担心孩子放置衣服时衣服散开，也不怕孩子打开抽屉后像抽卫生纸一样将家长辛苦叠好的衣服抽出来玩。

等孩子再长大一些，有自己挑选衣服的能力时，记得帮孩子规划一个适合他们身高的衣柜，专门收纳属于他们自己的衣服。

利用简单的图示或单词提示孩子不同衣服的位置

培养孩子与书共处

首先，我们要将孩子的书按照年龄段、内容分类，然后将成套的、同类的摆在一起，一样大或一样高的也可以摆在一起。孩子的书尽量不与大人的同放，要让孩子有明确的“这些是属于我的书”的概念。书柜高度也要避免高过孩子可触及的高度太多，否则孩子可能会攀爬取书，发生危险。

对于孩子来说，书籍最有吸引力的地方是它们好看的封面，因此家长可以每星期选择6～7本童书，并将这几本书的封面朝外摆放，以吸引孩子自主阅读。带着孩子阅读时，要以活泼的口吻介绍封面上的所有信息，如书名、封面图画、人物等，让孩子主动选择要阅读哪一本书。这样做比将书脊朝外放更能培养孩子阅读的兴趣。

等孩子年龄再大一些，看得懂注音或文字之后，就可以将书按照功能分类，将书脊朝外摆放了。

另外，你还可以利用装饰品来帮助孩子记忆不同种类图书的位置，方便孩子阅读后将书放回原位，从而培养孩子物归原位的好习惯。

让孩子有属于自己的书架，选几本书将其封面朝外摆放，还可以利用装饰品标记不同类型图书的位置

玩具总动员

儿童心理学专家建议，孩子的玩具只需要有以下几类就足够了， 它们是：球类、声音玩具、积木、安抚玩具、组合玩具、假扮玩具、无毒蜡笔、绘本等。我建议父母不要一次买太多玩具，可以两三个月更换一次，这样不仅可以减少玩具的数量，还可以让孩子对玩具保持新鲜感。

若有适合摆放玩具的收纳架，可以把玩具展示出来，让孩子知道自己有哪些玩具可以挑选，也能避免家长买到重复的玩具

✻ 玩具不是玩玩就好

如果货架上写着“特别推荐！只要玩这个玩具，孩子就会安静30分钟！”你会不会心动？其实不管有多少玩具，孩子渴望的依然是父母的陪伴。再好玩的玩具，若没有父母陪自己一起玩，孩子也不会觉得有趣。我服务过很多家里玩具比玩具店里的还要多的家庭，也见过玩具精简到几乎看不出来这个家里有孩子的家庭，但这两种家庭中的亲子关系都有好有坏，所以玩具的多少不是重点，重点是你有没有把时间留给孩子，陪他们好好玩一玩。

陪孩子玩耍时，总可以发现他们无限的创造力和想象力

✻ 养成惜物好习惯

玩具不求多，够玩就好，把空间留给孩子探索，将时间花在互相陪伴上，这样不仅能增进亲子关系，家长还可以从孩子的游戏方式中观察孩子的成长，享受其中的乐趣。

许多长期在外地工作的家长陪伴孩子的时间比较少，就会产生补偿心理，想给孩子更多玩具以弥补不能陪在他们身边的愧疚。因此，家长每次出现在孩子面前时都带着新的礼物，久而久之，孩子所期待的不再是父母的归来，而是归来时带的礼物。

还有很多孩子，办生日派对时最期待的就是拆礼物时间，但我常常看到这些孩子满怀期待地拆开礼物后，只看了几眼，就马上走向下一个礼物，甚至还会因有人只送了卡片没有送礼物而生气。给孩子送礼物并没有错，但不能毫无节制，以免养成孩子不知珍惜的坏习惯。

* 按照年龄逐步养成分类习惯

孩子两岁左右时，可以简单地按照颜色对玩具进行分类，如让他们将蓝色的玩具投入蓝色的箱子，红色的玩具投入红色的箱子。这个阶段，我们只要让孩子养成分类的习惯即可。

等孩子再大一点儿，我们可以用符号做区分，比如以汽车、飞机、火车等图案提示孩子这一箱玩具是交通工具的模型。

另外，毛绒娃娃、芭比娃娃等人偶类玩具可以陈列收纳；其余的小公仔、木头玩具、积木、益智玩具等，可以配合家中收纳工具的尺寸分类收纳；有些大型玩具不好收纳，也可以展示出来。

按照玩具类型分类收纳

建议用抽取式收纳箱存放体积大、重量轻的玩具，以免收纳箱变形

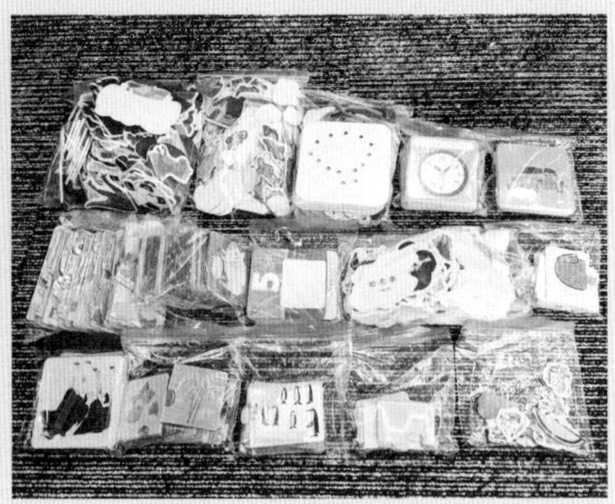

识字卡、拼图等玩具可以用透明袋收纳

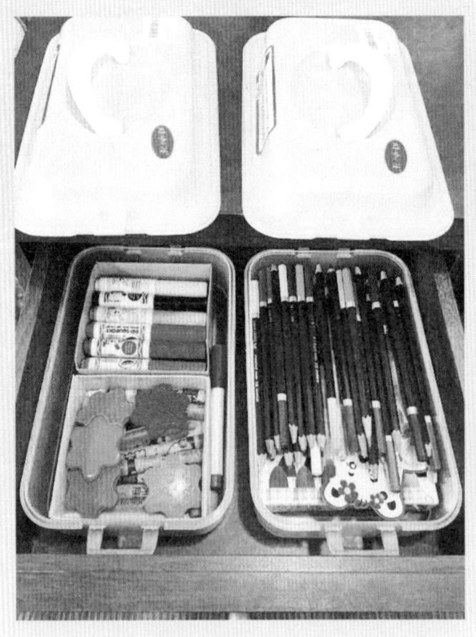

别为孩子的物品失去理智

新手爸妈由于没有经验，总是身边的亲友推荐什么物品好用就买什么。可等孩子长大后才发现很多物品并没有那么合适，或是根本就不好用，又因为这些物品还很新或是价格不菲而舍不得扔，于是一直放在家里。渐渐地，家中没有用的物品越来越多。

＊避免花冤枉钱

首先我必须提醒各位家长，事先买齐需要的物品当然很好，但是耳根子别太软，许多物品等到需要时再购买也不迟。新手爸妈可以经常上网看看别人分享过哪些值得买的物品或“踩雷”的物品，多看多听才能避免花冤枉钱。

＊给心意满满的亲友提建议

我们经常遇到亲友给家里的小孩子送礼物的情况。亲友送的是一片心意，可是家长收到的可能是不需要、不喜欢、不好用的物品。因此，我们不妨主动给心意满满的亲友们提一些建议，告诉他们我们的需要，让送礼的人有的放矢，既不浪费亲友的时间与金钱，又刚好满足我们的需求。

＊尊重孩子的私人空间

请尊重孩子的私人空间，不要将任何不属于孩子的物品放在他们的房间里。孩子的房间不是储藏室，孩子的衣柜也不是妈妈的第二个衣柜，孩子的游戏区更不是爸爸的健身房。如果家长想训练孩子整理收纳的能力，就要明确划分家庭成员的空间，把不属于孩子的物品从孩子的房间里拿走。

孩子的房间就算再空，也不要堆放家中杂物

＊选择可移动和组装的家具

我建议使用可移动和组装的家具，再配合孩子的成长阶段来装修他们的房间。当他们还在通过触摸与爬行来探索世界时，要给他们足够的安全空间；当他们长大了一些，需要小桌子画画时，要添置小桌子；孩子上学后，还要给孩子换一张能让他们专注写作业和看书的书桌。衣柜、书柜等也必须适合孩子的身高与成长阶段，不要追求“一步到位”。

×

Ⓐ 地面本身就很花哨，上面又散落着许多玩具，让人眼花缭乱

Ⓑ 角落的玩具不易拿取，容易被忘记

After

没有添购任何收纳工具，只是运用了淘汰＋分类的方法，就让房间整洁了不少

√

Ⓒ 只留下适量的玩具，并依照类型分类

Ⓓ 将小玩具收入篮子或袋子，大型玩具陈列摆放

Ⓔ 文具等比较尖锐的物品尽量放在高处或直接收起来

妈妈包轻松背出门

带小孩出门时，除了精神紧张，父母的肩膀也非常辛苦，每只妈妈包里好像都装着所有家当，妈妈包能否简化成了每位妈妈的疑问。

我曾经见过孩子自己背水壶，其他什么也不拿，爸爸妈妈与孩子手牵着手就出门了的家庭。这种“大胆”的行为也许会造成很多妈妈的困惑：如果孩子玩疯了，把衣服弄湿了怎么办？孩子吵着吃点心时怎么办？如果孩子吐了，没有湿纸巾怎么办？孩子受伤后至少要消毒吧？

其实，妈妈包的存在是否必要见仁见智，但我有一些为妈妈包“减负”的好方法。

想要“减负”，分类是第一步。先将你认为必须带出门的物品全部放在地上，然后仔细看一遍，想想能否再精减一下，可不可以将大包分成小包，利用压缩袋或是透明小包将所有物品收纳好。

为物品找到专属空间是第二步。妈妈包通常有许多夹层与口袋，家长要养成习惯，为每一类物品找到专属空间，在脑子里形成物品分布图，这样就能够减少找东西的时间了。

让打包行李变成一件愉快的事

打包行李代表即将出去玩，因此打包这件事总让人无比兴奋。不过，许多不擅长打包的人会觉得打包的过程非常烦琐、痛苦，简直像身处地狱。其实，只要掌握以下几个技巧，你会发现打包行李一点儿都不难。

✻ 列出物品清单

准备去哪里，去几天，目的地的天气如何，行程是什么，有没有特殊活动，带多少现金……先将这些事规划好，再将需要带出门的所有物品列出来，例如：衣服与配件、洗漱用品、电器、重要文件、药品等，一定要先分类再写物品名称。我建议将衣服与配件放在最后处理，因为打包衣服与配件是最花时间的。

✻ 精减行动务必做

列好清单之后，将所有需要带的物品放在眼前，分门别类，让物品“排排站”，然后仔细思考还有没有可精减的空间，例如：有没有重复的物品，需不需要带太多“以防万一”的物品，有些物品是否能在当地购买……总之，要将行李箱内的物品尽可能地精减。你可以不断提醒自己：“上次旅行完全没有用到的物品这次就不要带了。”

先将每个人需要的所有衣服按照天数摆出来，再进行筛选

✻ 重要物品要带齐

将护照、机票、现金、信用卡等重要物品放在一起，方便过海关时立即拿出来，避免因找很久而耽误时间，或在翻包或翻口袋时丢东西。

✻ 大瓶变小瓶

洗发水、沐浴乳、身体乳、卸妆乳等生活用品，只要分装出需要的分量携带即可。为防止洒出来，可以在瓶子外面包一层保鲜膜。若要出国或去较远的地方，那我不建议带商家赠送的试用装，因为目的地的气候可能会造成你的肌肤敏感，如果再用陌生的护肤品，可能会加重敏感状况，影响出游的心情。如果你与同性朋友出游，可以分配要携带的物品，大家一起使用，这样能减轻不少重量！

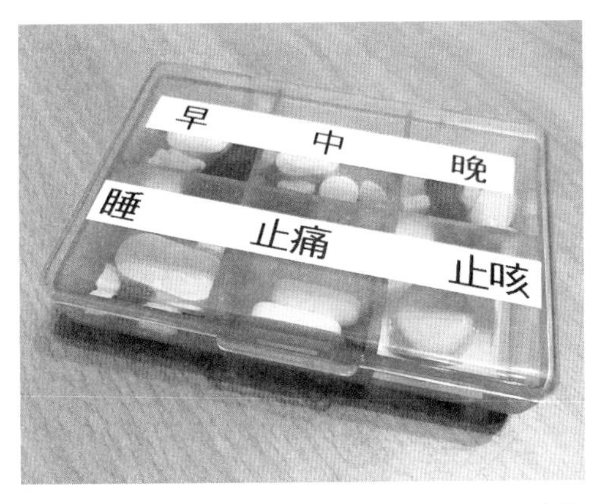

可以用分装盒装常备药品，减少瓶瓶罐罐的数量

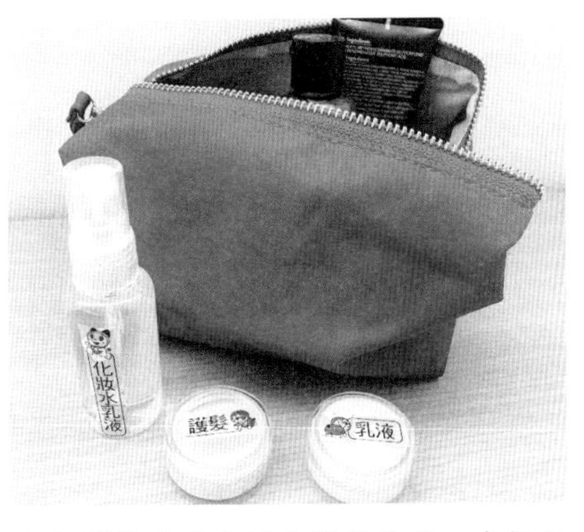

用小罐或隐形眼镜盒装护肤品，减轻行李的重量，节省行李箱的空间

✻ 分类收纳，避免尴尬

不同类的物品要分别收纳，这样可以让你更快找到想要的物品，过海关需要开箱检查时也可以避免因私密物品外露而产生的尴尬。

许多人会购买一些旅行收纳袋，这是个好办法。不过没有这种收纳袋也没关系，我们可以用家中已有的袋子收纳，有防水功能的袋子更理想。

＊旅行衣服的选择与收纳

出门旅游时，每个人都想留下美丽、帅气的照片，因此会带很多漂亮的衣服，可是真正能穿到的往往只有几件而已。

我会根据天数、天气、场合列出每天的穿搭，尽可能让每一天的衣服都可以搭配同一双鞋，当然这双鞋必须非常耐磨且舒适，最好能防水。请不要穿新鞋出游，避免脚被不合适的新鞋磨破皮而产生的麻烦。

以七天六夜的行程为例，我会穿一套衣服，再带两套衣服，一共六件，且这六件衣服全部可以互相搭配。如果我计划到当地购物，那穿一套带一套也可以，这样还能为“战利品”留出空间。

通常我会带穿完可以直接扔掉的内裤，或是一次性内裤，内衣则会用内衣防压盒收纳。如果有比较厚重的外套，我会将它放在行李箱的最底层，这样还可以防摔。

到天气炎热的地方旅游时尽可能挑选一件式衣服，如连体裤、连衣裙等，因为它们占空间小，而且较薄。到寒冷的地方旅游时，我建议带一件保暖的外套，并少带几件衣服，因为在寒冷的地方不需要勤换衣服。我们可以将穿搭重点放在配件上，如帽子或围巾，但内搭的衣服要简化。我还会将厚重的衣服直接穿在身上，选择不怕压的配件。打包时，用帽子、围巾等柔软的衣物填补行李箱里的空隙，可以防止行李箱里的物品在托运过程中变乱。

出游最重要的是保持轻松愉快的心情，许多人的行李箱太大、太重，对出行造成影响，所以应能精减就精减，把空间和重量留给满满的回忆！

使用真空压缩袋可以节省行李箱空间，还可以在每个袋子外面贴上标签

＊回程打包法

回程时，如果没有太多“战利品”，我建议将需要清洗的衣服另外装袋，这样一到家就可以直接将它们丢进洗衣机。如果购买的物品不少，打包时则不用太讲究物品分类，只要小心收纳易碎品和怕漏的物品即可。我们可以将易碎品放在衣服中间，利用衣服作缓冲，并在行李箱的空隙里塞上围巾、袜子等小件物品加强保护。另外，打包时最好将大件物品先放入行李箱，再以小件物品填空。怕漏的物品可以先用防水袋分装，再以衣服包裹保护。

将鞋子放入不用的浴帽里，这样就不会弄脏其他物品了

＊孩子要有专属行李箱

市面上有许多造型可爱的儿童行李箱，它们轻巧且可以直接拿上飞机。我强烈建议为孩子准备一个专属的行李箱。当然，重要物品依然要放在大人的行李箱中，要带哪些衣服也可以由家长做最后的决定，但如果孩子执意要带娃娃等玩具，请让他们放在自己的行李箱中，这样可以让孩子养成自己要带的东西自己拿的习惯，学着对自己做的每一个决定负责。

同时，拥有自己的行李箱也能增加孩子对出游的兴趣，因为孩子总希望能和大人一样拉着一个行李箱出门。目前，市面上销售的儿童行李箱设计都很贴心，能让孩子坐在上面或有其他代步功能，不至于给家长带来额外的负担。

儿童行李箱让孩子更期待出游

靠整理增进亲子关系

99%的父母最头疼的事是收拾玩具，只要孩子开始玩玩具了，客厅就会像被炸弹炸过一样，让人根本不想收拾，因为即使收拾好了，第二天又会是一样的场景。因此，规划孩子的游戏空间非常重要，如果整个家都是孩子的游乐场，那么父母要收拾的就是整个家了。

教育孩子之前先检视自己，身教比言传更重要。如果你不希望孩子吃饭时看电视，那么自己也不能在吃饭时看电视。家庭习惯是家长与孩子长期、共同养成的，家长以身作则，孩子才能以家长为榜样。

孩子乱扔东西其实都是家长允许的，因为他们不知道玩完玩具要将其收回柜子里，也不知道画笔该放在哪里，孩子所有规矩与习惯的养成都要靠家长的指引，所以如果一个家乱糟糟的，家长要担起大部分的责任。

＊0～2岁，边玩游戏边学收拾

对于准备迎接孩子到来的准父母或是孩子尚处于婴幼儿时期的家长，我建议先给孩子规划一处安全且明亮的空间，让他们能够在这个空间里放胆去爬、去触摸一切陌生的事物。若父母需要长时间在家里工作，我建议在孩子的空间附近设置工作区域，或在家长视线可及的地方寻找一处给孩子玩乐的空间，这样家长就可以安心工作，不用时刻担心孩子的安全了。

婴幼儿时期的孩子玩具不多，但体积偏大，只需准备几个大箱子将玩具全部收好即可。孩子一岁半左右时，家长可以陪着孩子玩收纳玩具的游戏。家长需要让收拾玩具的过程更有趣，这样孩子才不会抗拒收拾。你可以提前告诉孩子多久

之后要开始收拾玩具，并说到做到，不拖延时间，以免给孩子养成拖延的习惯。

父母还可以在平常与孩子共同阅读故事书时带入收拾的概念，例如：大熊和朋友玩完游戏就要回山洞吃饭了，它和我们一样也要吃饭，所以我们先把大熊送回山洞吧，对它说再见！或将收拾玩具变成比赛，例如：我们来比赛，看谁能用最快的速度把球投进篮子里吧！

以玩游戏的方式培养孩子收拾的能力比命令孩子有效得多，让孩子在玩游戏的愉悦里把玩具收好吧。

＊3～5岁，建立游戏规则

这个时期的孩子对玩具已经有更明确的认知了，他们能够分辨塑料乐高与木头积木的不同，知道画笔有水彩笔与蜡笔之分，也能辨别简单的数字与颜色了。这时候，父母可以制订更多游戏规则与收拾原则，比如利用简单的颜色或图形提示孩子依照门类将玩具投入对应的箱子。

开始时，父母必须陪着孩子一起收纳，多示范，多鼓励，不责骂，在示范与陪伴的过程中给孩子信心，让孩子明白把玩具收拾好会得到赞扬，进而更愿意做这件事。

在收拾的过程中，你还可以鼓励孩子思考，如：“还有其他的做法吗？”“你觉得还可以怎么做？”这样可以激发孩子的创造力与想象力。切记不要责骂或过度纠正孩子，只在安全范围内尽可能地鼓励孩子就好。有些孩子自我要求比较高，可能因对结果不满意而生气，这时，我们要夸奖整个过程，而不是收拾的结果。

3～5岁的孩子可以准确地把不同系列的玩具分类

＊6岁之后，让孩子独立思考

准备上小学的孩子除了有不同类型的玩具，还有许多文具、图书等，若家里够大，足以让孩子拥有独立的空间，不妨放手让孩子自己整理，自己规划空间，让孩子有权利按照自己的喜好来决定如何整理。如果父母总是帮孩子打理好所有事情，就会慢慢抹杀孩子的思考能力。

家长可以给孩子规划一个区域作为他们的独立空间，然后给孩子备妥需要的物品，并且教育孩子要珍惜物品，至于这些物品该如何分类、怎么摆放等问题，若孩子没有向你们求助，就让他们自由发挥吧。你会发现孩子的思路和大人不同，对于断舍离也有自己的方式。这里要强调一下，请尊重孩子断舍离的观念，若孩子认为这件物品已经不需要了，你可以和孩子再次确认，但不要一口否定，要让孩子学习对自己的决定负责。若物品价格昂贵，家长可以帮忙进行后续的处理，如上网卖掉或是送人。

就拿我来说，从小到大我都是自己整理房间，我的父母从来不干涉我，顶多在我想搬动床或大型家具时帮助我。我也不是天生就知道合理的整理步骤，有时一收拾就是一整天，甚至会整理到凌晨。

六年级时，我曾主动向老师提出我想在课余时间整理储物间，老师非常支持我。我想，我能够出版这本书，也是因为从小在整理的过程中，父母、老师给了我极大的自由发挥的空间吧！

谢谢我亲爱的爸爸，妈妈，老师

家庭安全的重要性

很多人觉得带孩子出门危险重重，不如让孩子在家玩，殊不知若没有规划好，家也不是安全的地方。

孩子在家里容易发生误食、滑落、窒息、跌倒、触电、溺水、烫伤等意外，意外的发生常常只有几秒，却可能影响孩子的一生。安全的家庭空间能够保护孩子，增加孩子的探索空间，增强孩子的动手能力，减少意外与负能量。

＊少说负面话语

各位父母会不会常在家里说这样的话："不行！不可以拿！""下来！这样很危险！""不可以，你再这样妈妈要打你了！"当父母出于安全或是整洁方面的考虑而限制孩子的行动，并说出类似的负面话语时，很可能使孩子不开心甚至反抗。我必须提醒各位家长，若你一定要对孩子说："不收拾玩具，等一下不能吃饭。"那么请务必坚持这个说法，让孩子知道父母说的是真的，不是吓唬他。如果你做不到，不如将家里整理好，规划出合理的玩耍空间，让孩子自由探索。

＊危险物品要收好

有孩子的家庭，家长要特别注意物品的摆放位置，尖锐物品要收好，太长的绳索、窗帘的拉绳要保证孩子够不到，保持地面干燥不湿滑，浴缸中别放满水，不使用垂下来的桌巾等。另外，与其一直告诉孩子什么东西不可以拿、很危险，不如直接将危险物放到孩子够不到的地方。

许多人喜欢将清洁剂放在饮料罐里，但大人知道没有绿色的可乐，小孩子却不知道，他们只知道这是可乐的瓶子。因此，不要将清洁剂放入孩子容易混淆的瓶罐里。另外，我建议保留药品的外包装，这样一来，哪怕是孩子真的不小心误食了药品，我们也可以在第一时间让医生知道孩子误食的到底是什么，方便对症下药。

* 家具要配上安全装置

有些家长喜欢让孩子勇敢地去“探索”，在安全范围内，让孩子感受剪刀为什么危险，火为什么可怕，这样孩子才会真正了解父母口中的疼痛是什么感觉。可在没有家长照看时，我们必须保证家中的安全措施做到位，例如圆角设计、安全围栏、隐形铁窗、安全扣环、插座安全装置、防夹门挡等。我们无法时刻看着孩子，若家中有这些安全装置，就能避免许多意外发生，也能让孩子安全地自行拿取物品，进行简单的收拾，养成好习惯。

如果家中有孩子，请避免转弯楼梯，且栏杆的间距不能太大

* 孩子耍赖时不妥协

家长也必须有一定的坚持，孩子耍赖哭闹时决不能妥协，我们不能一直帮孩子收拾，否则他哭，你收，你们一次又一次重复这种相处模式，最后当你想改变的时候，孩子会产生更大的抗拒情绪，那将是另一场大战的开始。记住，改变习惯比培养习惯难得多，需要花更多的时间与精力。

孩子可爱的一面

我不仅是整理师，还是保姆，每星期都会到一个有一对儿女的家庭服务一次，已经三年了。我服务的这个家庭永远非常干净整齐，孩子也从小养成了物归原位的好习惯，收拾起来非常轻松，这对兄妹让我看到了有整理习惯的孩子可爱的一面。

家中的童书被分成两部分，分别是学龄前妹妹的、读小学的哥哥的，每部分都有各自的区域，即便是两岁的妹妹也知道哪一个区域里的书是自己的。他们的父母在玩具的选购上也非常用心，每隔一段时间就会替换一两样玩具，但是不会一口气把全部玩具拿出来让孩子玩。

客厅窗户右侧的白色柜子里放着画画工具，两岁的妹妹想画画时就会请我打开柜门，帮她拿画笔

餐厅利用彩色的灯具和墙面营造出独特的风格，但颜色不杂乱，不会使人眼花缭乱

我还服务过有一个两岁女儿的家庭，这家玩具不多，妈妈认为孩子应该常出门接触大自然，这样比在家玩玩具更好。父母在客厅留出大面积空地，地面上没有任何物品，让孩子在这里自由活动，想玩什么玩什么，甚至可以在家玩滑步车等。因为没有太多杂物，所以整个客厅都是孩子可探索的安全空间。

家中的所有台面上，除了常用物品，也没有任何杂物，保持着干净的状态。家具皆是明亮干净的颜色，让人感到非常舒服，也很好清理，因此家里干净得像样板间，既安全又舒适。

玩具都在电视左侧的柜子里，放在外面的物品非常少，父母喜欢把空间留给孩子，把时间花在亲子相处上，而非收拾上

厨房使用完也会立即将台面清空，不留杂物

不让长辈住在“仓库”里

亲子关系当然也包括你和父母的关系，千万不要只顾孩子而忘记父母。因为经历不同，父母辈的人几乎都非常节俭，不仅不爱丢弃物品，甚至还会从外面捡一些物品回家，总觉得有一天能用得上，这与我们的生活方式差别很大。

有许多客户和我预约，请我去整理他们父母的家。大家的出发点都是好的，都是希望父母可以更加舒适地生活，但十个老人当中有九个是不同意子女帮他们收拾房间的，更加排斥子女请外人来家里收拾，因为对于长辈而言，子女这样做只是在强迫他们扔东西而已。

✻ 鼓励长辈使用物品

千万不要自以为是，趁着父母出门时把家里的物品扔光，因为你永远不知道一个看起来毫不起眼的东西在父母的眼里是不是有非常重要的意义。

我建议先鼓励长辈使用家中的物品，因为唯有让他们真正使用过才知道还需不需要这件物品。

如果有零食，就提醒父母将它们吃掉，如果有没穿过的衣服，就建议他们穿穿试试。让长辈意识到家中确实有太多物品没有被使用，他们才能意识到需要减少物品的数量。

✻ 尊重父母的物品与意志

想要帮助父母收拾房间，一定要先抛开自己的立场，站在他们的角度思考，想想为什么父母如此坚持留下这些物品。请你多倾听、多理解，找到合适的方式与父母沟通。沟通后，也许你能理解父母为什么喜欢住在这样的空间里，然后再说说你的想法，让父母理解这样的空间对你造成了什么困扰。也许是太乱导致你不想带小孩回家探望爷爷奶奶；也许是因为家里的环境让你根本没有容身之处；也许是这样的环境已经影响到他们的身体健康；也许是地面物品太多，不适合行动不便的长辈；等等。

通过理性的沟通交换彼此真正的想法，试着帮父母解决他们的问题，从而改变他们囤积物品的习惯，让父母主动改变、主动寻求帮助才是最理想的。还是那句话，绝对不要强行整理父母的家，请记住，那是父母的家，请尊重他们的物品与意志。

第八章 8

用改变影响他人

看到这里，相信你已经对整理有了许多心得，也开始着手整理自己的家了。我知道，这份喜悦的确非常值得分享给身边的亲友，但请注意方法，不要像推销一样不断重复你的想法，最好的方式是用自己的改变影响他人。

在本书结尾，我想分享一个最让我感动的案例，向你证明整理的力量！

明确划分每一位家庭成员的区域

整理一定要从自己的物品或是自己能够做主的物品着手，所以划分每个人的专属空间就非常重要。假设一个书柜里有100本书，但只有20本是你的，另外80本是其他家人的，那你就先整理自己的这20本，然后用事实打动其他家庭成员，让他们也开始整理。

* 找出属于自己的物品

继续以整理书柜为例。首先，你必须将属于自己的20本书挑出来，然后决定这20本书的去留，再根据剩下的数量腾出一个空间。如果剩下15本书，就先清出一个足够摆放15本书的空间，从今以后，书柜里的这一个区域就是你的专属空间了，你就再也不用从整个书柜里费时费力地寻找某一本书了。

* 请勿擅自决定他人物品的去留

对于另外的80本书，未经主人同意，请勿擅自决定它们的去留，你能做的顶多是将这80本书按照原来的排列方式放回书柜，绝对不能以自己的想法判断他人物品的价值。你觉得老旧不堪的物品，对于他人而言，也许有珍贵且不可替代的意义。

* 从自己开始

整理必须从自己开始，从自己可以100%决定去留的物品开始，从属于自己的区域开始。在自己的物品没整理好之前，你又有什么资格要求他人整理呢?

不帮忙收拾，只帮助规划

如果家庭成员之间的生活习惯相差很大，那分出每个人的独属区域就更有必要了。我曾经服务过这样一个家庭，家中洗完的衣服都是由女主人收拾，但她的老公总喜欢将衣服抽出来，先一件一件地在胸前比画，再从中挑选一件穿上，而其余没被选中的衣服就被丢在床上。老公的这个习惯让女主人每天都有叠不完的衣服，这让她非常烦恼。

我建议女主人先依照老公挑选衣服的喜好分类，将衣服分成白色短袖、黑色短袖、杂色短袖、运动服、衬衫、外套、裤子等几类，然后将衬衫及外套挂起来，再挑选五个美观又大小合适的收纳筐，将剩下的几类衣服分别放入不同的筐子。这样，若老公今天想穿黑色短袖，只需要抽一个筐子里的衣服就好了。而老公要配合的只有一件事，就是将没被选上的衣服再丢回这个筐子，这样，再怎么乱也顶多是乱一筐衣服而已，至少可以减少女主人叠其他几筐衣服的工作量。

当然，这样也只是减少了女主人的工作量，并没有解决根本问题。因此，我建议各位只帮助家人规划空间，但不要帮忙收拾，因为生活习惯是需要培养的，若比较勤快的那个人永远帮其他人整理，那么这个人会非常辛苦。有的孩子在家长拖地时，只会一边看电视一边把双脚抬起来；有的孩子会一边玩游戏，一边张开嘴巴让爸妈将食物送进嘴中。之所以出现这些情况，就是因为家长已经帮孩子把所有事情都做好了，所以孩子也就习惯了依赖父母，失去了自己做事的能力。因此，我们能做的就是帮助他人规划，给他人设计一个改进的方案，然后一步步引导他人完成整理这件事，这是最理想的。

舒服的空间会让人想要停留

看到这里，如果你已经按照我的建议整理了自己的家，相信你一定能感受到整理前后的强烈对比。你家中的杂物应该已经减少了许多，也因此空出了许多空间；你应该可以不费力地找到需要的物品了，也因此省下许多时间；你应该更清楚什么物品适合自己了，也因此省下了许多金钱。家是我们待得最久的地方，当家中环境更好、更清爽后，人的心情也会变好，一处舒服的空间会让人想要停留。

你可能会感到前所未有的愉快，我懂，也明白此刻你多想将这段经历分享给身边的人，但是请拿捏好分寸，切勿让身边的人反感，否则整理这件事就会像你从各种媒体上看到的减肥广告一样，让人产生逆反心理。千万不要让自己的好心变成他人眼中的广告。

反过来，若是你的某个胖胖的朋友突然有一天变得体态苗条、神清气爽，你会不会想知道他瘦身的秘密呢？当然会！现实比任何字眼都动人，即使他从没跟你说过什么方法或理念，你也会想去探究。

有些事情不必挂在嘴边，你的改变会在无形之中影响他人，让人自发地想要改变自己。事实胜于雄辩。

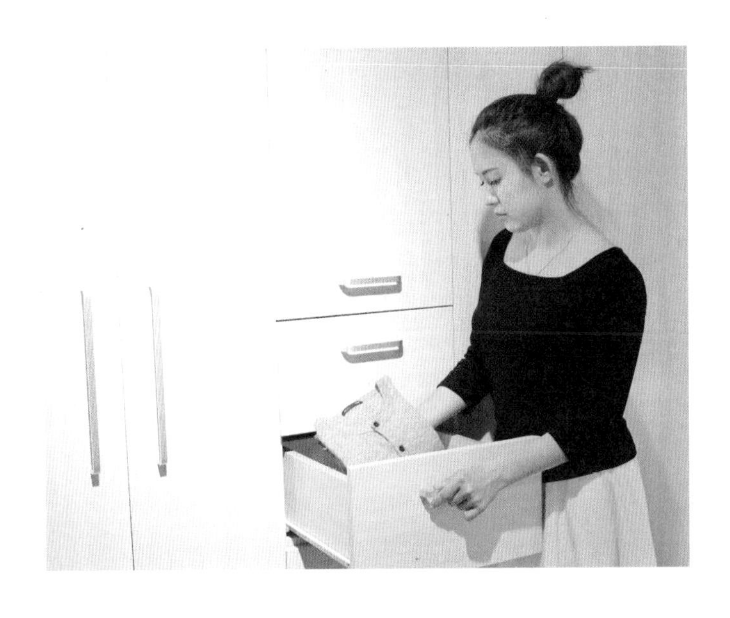

最让我感动的案例：第一个让我后悔踏进的家

在这里，我想和大家分享一个最让我感动的案例。

我接到这次预约时，客户告诉我只能整理家中一半的空间，因为另一半空间属于朋友，但朋友不同意“被整理”。可没想到，几天之后，我又收到这位客户的消息，她说那位一开始不同意整理的朋友看见她的巨大改变，竟然开始整理，自己丢弃了许多物品，将房间整理好了。当我看见她们整理后的照片时，感动了很久。这就是整理的力量，大到不需要任何言语，行动就是最好的证明，也是最具震撼力的语言。

这个案例让我印象深刻的另一个原因是，做整理师多年，我从来没有因为看到客户发来的一张照片就打退堂鼓，而这是唯一一个让我很想放弃的预约。客户和她的朋友，两个人住在不到十五平方米的房子里十多年，没扔过任何东西。在收到客户发来的照片之前，我真的没想到这房子能乱成这样。我本来非常害怕蟑螂，但整理的那天，当一只活蟑螂出现时，我居然认为这只是小事而已。

上门整理那天，一走进那间房间，扑鼻而来的是浓厚的、刺鼻的气味，后来我才知道，那些刺鼻的气味是老鼠屎的味道！当时，我才整理了10分钟就出现干呕的症状，后来我发现每一本书里都夹杂着少许老鼠屎，这导致我即使戴着手套也会不自觉地翘起手指，小心翼翼地拿起每一样物品。

在我来之前，虽然客户已经把她的床立了起来，但整个家中能活动的空间依然很小。当时，我真的很想逃走，但是想起客户说希望我能帮她圆梦时，我留了下来。她说她的梦想是在整理好之后买一个展示柜，将她心爱的模型、公仔展示出来。一想到这儿，我就坚定了自己的决心。如果我不接这个案子，她那天晚上睡觉都成问题了，既然已经开始了，就把它做完吧！于是我戴好口罩，试着去习惯那个气味……

家中乱到无处下脚

从电脑中可以看到，客户其实已经规划出理想的家的样子了

那天，因为客户的朋友没有同意让我们整理她的那部分空间，所以我只整理了客户自己的区域。你能想象吗？一个不到七平方米的空间，我和一个伙伴加上客户三个人，竟然整理了整整七个小时，扔掉了一张书桌和五大袋垃圾。

我必须说，在整理的过程中我一直在苦撑，要不是靠着意志力，我根本无法完成这次服务。我能感觉到客户也想放弃，于是我对客户说："你可以对自己说，不想再在这样的环境里生活，这也许会对你撑下来有所帮助。"

之后，我教这位客户做物品分类，然后又教她直立式衣服收纳法和如何挑选收纳工具，并一直提醒她整理之后最重要的是维持。大概五小时后，我们终于可以看见大面积的紫色地板了。于是我说："可以趁现在拖地。"而她说："家中没有拖把。"也是，原先的家根本看不见地板，当然就不需要拖把了。我又问她："那你在家不脱鞋吗？"她答："只有上床睡觉时才会脱鞋。"那时，我真的很心疼她，由衷地想帮助她，也希望能影响到她的朋友。

七个小时之后，我们终于整理好了床下、衣柜、书柜、书桌。那天，我们扫出的老鼠屎大约可以装满一个肉松罐，这实在是太可怕了。

把床立起来，方便整理床下的物品

客户十几年来没扔过任何东西，处理起来难度极高

能使用的空间只有不到七平方米，实在不需要两张书桌

整理的关键是减少物品的数量

整理完，客户将喜欢的玩偶陈列出来，衣服被放进新购买的柜子里

我第一次遇到这么艰难的挑战，但我庆幸自己坚持了下来。后来客户发信息给我，说她很开心，感谢我们没有放弃她的家。第三天，她又发信息给我，告诉我她的朋友也开始整理了。

我深信，是我们的成果影响了她的朋友，我帮客户在几小时的时间内创造了“另一个世界”，也帮她的朋友走进了这“另一个世界”。做一名整理师除了能拥有满满的感动，也能带给我极大的成就感。

我永远忘不了这位客户看到“新家”时的表情，因为这是我做得最痛苦也最开心的一个案子，之前，我甚至从来没有这么真实地感受过整理师这个职业带给我的影响。我真的很庆幸当时没有放弃那个家！

再后来，客户订的展示柜到货之后，她又发来一张照片，并开心地附上了当初的预约单：我想整理出一个小空间，然后买一个展示柜，圆我的小梦想。终于，你圆了自己的梦想，给了自己一个“新家”，希望你会喜欢！

整理出一个小空间，买一个展示柜，圆了客户的小梦想

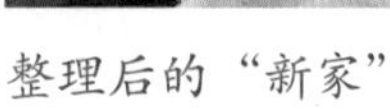

整理后的“新家”

【小试身手Ⅲ】

希望这些改变可以影响你的行动

我常在网上分享整理技巧，但最治愈人心的还是整理前后的对比照片和全程录像。一开始，我留下这些是为了将整理过程具体化，让大家了解整理是如何让一个家从“爆炸”到整齐干净的。可没想到，这些照片和录像竟成了网友们最喜欢的部分，大家都说这些照片和录像是具有疗愈作用的“良药”！

下面我就分享几个令我印象深刻的案例录像及整理前后的对比照片，你可以在视频中看到整理的所有细节与重点。看完后，你肯定会想：“哇！原来我不是最糟的！”希望能借此增强你的信心，赶快开始整理吧！

与一堆老鼠屎为伴的家

这个案例是我从事整理师工作至今遇到的最棘手也是最让我感动的一个，前面我也与大家详细分享过了，但我必须再提一次，因为它真的很有代表性。

屁股贴屁股的厨房

这个案例中的客户家的厨房里堆满了杂物，导致家庭成员连走路都要侧身而过，如果两个人相遇，绝对是屁股贴屁股地挤过去。厨房中杂物堆得很高，几乎挡住了所有柜子的门。

我先将物品集中起来，然后筛选并分类，之后重新将每个物品摆在它们应该在的位置。现在，厨房终于“重见天日”，活动空间也“变大”了，走起路来非常顺畅。

一年级小孩的玩具间

下面是一个一年级小朋友的玩具间。整理时我发现，孩子进行断舍离比许多大人爽快得多，她非常清楚自己需要什么、喜欢什么。我引导小朋友将玩具分成以下几类：乐高、芭比娃娃、玩偶、木制玩具、综合类。小朋友不仅会为每个箱子取名，还做了标签贴在箱子外面。连续两个多小时的整理过程 ，她都没有喊累，也没有停下来休息，真的比很多大人做得好！